Erwin Dee Kord (Hrsg.)

Anzucht (Hohlraum)

Erwin Dee Kord (Hrsg.)

Anzucht (Hohlraum)

Riesengebirge, Isergebirge

Solv

Imprint

Permission is granted to copy, distribute and/or modify this document under the terms of the GNU Free Documentation License, Version 1.2 or any later version published by the Free Software Foundation; with no Invariant Sections, with the Front-Cover Texts, and with the Back- Cover Texts. A copy of the license is included in the section entitled "GNU Free Documentation License".

All parts of this book are extracted from Wikipedia, the free encyclopedia (www.wikipedia.org).

You can get detailed informations about the authors of this collection of articles at the end of this book. The editors (Ed.) of this book are no authors. They have not modified or extended the original texts.

Pictures published in this book can be under different licences than the GNU Free Documentation License. You can get detailed informations about the authors and licences of pictures at the end of this book.

The content of this book was generated collaboratively by volunteers. Please be advised that nothing found here has necessarily been reviewed by people with the expertise required to provide you with complete, accurate or reliable information. Some information in this book maybe misleading or wrong. The Publisher does not guarantee the validity of the information found here. If you need specific advice (f.e. in fields of medical, legal, financial, or risk management questions) please contact a professional who is licensed or knowledgeable in that area.

Any brand names and product names mentioned in this book are subject to trademark, brand or patent protection and are trademarks or registered trademarks of their respective holders. The use of brand names, product names, common names, trade names, product descriptions etc. even without a particular marking in this works is in no way to be construed to mean that such names may be regarded as unrestricted in respect of trademark and brand protection legislation and could thus be used by anyone.

Cover image: www.ingimage.com
Concerning the licence of the cover image please contact ingimage.

Publisher:
Solv is a trademark of
International Book Market Service Ltd., 17 Rue Meldrum, Beau Bassin, 1713-01 Mauritius
Email: info@bookmarketservice.com
Website: www.bookmarketservice.com

Published in 2012

Printed in: U.S.A., U.K., Germany. This book was not produced in Mauritius.

ISBN: 978-613-8-98680-5

Anzucht_(Hohlraum)

Eine **Anzucht**, auch *Abzucht* (von *aizucht*) ist ein künstlich geschaffener unterirdischer Hohlraum, der der Wasserableitung dient.

In einigen mittelalterlichen Städten entstanden aus der Pflicht des Grundstückbesitzers, seine Abwässer vom Nachbarn fernzuhalten, verzweigte Anzuchtsysteme, die neben dem Oberflächenwasser auch Abwässer und Sickerwässer aus den Gebäuden ableiten und in natürliche Wasserläufe einmündeten.

Die beispielsweise im sächsischen Freiberg in Tiefen bis zu 7 m unterhalb von Grundstücken, Gebäuden und Straßen verlaufenden Anzüchte erfüllen noch heute diesen Zweck. Die Abwassereinleitung erfolgt jedoch nicht mehr in die Anzüchte, sondern in die örtliche Kanalisation.

Auch im ländlichen Raum, vor allem in Gebirgsgegenden wie dem Isergebirge und Riesengebirge, entstanden kleinere Abzuchtsysteme, die hier zum Schutz der Dörfer vor starkem Wasserzufluss bei Tauwetter oder Niederschlägen dienten, bzw. das Versumpfen und Versauern von Wiesen und Weiden verhindern sollten.

Weblinks

- http://www.gupf.tu-freiberg.de/freiberg/histwasserverentsorg.html

Riesengebirge

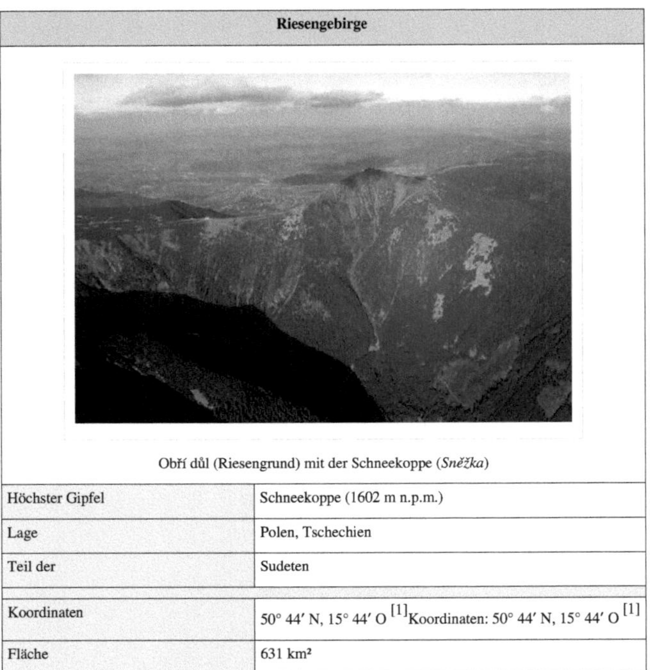

Riesengebirge

Obří důl (Riesengrund) mit der Schneekoppe (*Sněžka*)

Höchster Gipfel	Schneekoppe (1602 m n.p.m.)
Lage	Polen, Tschechien
Teil der	Sudeten
Koordinaten	50° 44′ N, 15° 44′ O [1]Koordinaten: 50° 44′ N, 15° 44′ O [1]
Fläche	631 km²

Das **Riesengebirge** (tschechisch *Krkonoše*, polnisch *Karkonosze*, gebirgsschlesisch *Riesageberge* oder *Riesegeberche*) ist das höchste Gebirge Tschechiens sowie Schlesiens. Es erstreckt sich an der Grenze zwischen Polen und Tschechien und erreicht in der Schneekoppe (tschech. *Sněžka*, poln. *Śnieżka*), eine Höhe von 1602 Metern. Das Gebirge hat subalpinen Charakter mit eiszeitlichen Gletscherkaren, Bergseen und den steilen felsigen Flanken der Berge. Nahe am Kamm, etwa 7,5 km nordwestlich des Zentrums von Špindlerův Mlýn (*Spindlermühle*), befindet sich in fast 1400 m Höhe die Quelle der Elbe.

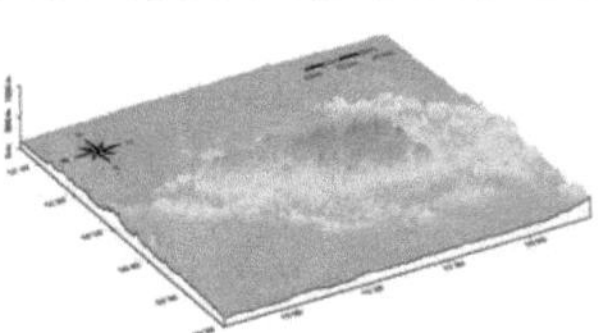

Topographie des Riesengebirges (100-fach überhöht)

Als höchster Teil der Sudeten ist das Riesengebirge das höchste Gebiet der Mittelgebirgsschwelle. Es überragt den Schwarzwald um mehr als 100 Höhenmeter und war damit bis 1945 das höchste deutsche Mittelgebirge. Seit 1959 (Polen) bzw. 1963 (Tschechien) steht das Riesengebirge als Nationalpark unter Naturschutz. Große Teile des Riesengebirges stehen zusätzlich als Biosphärenreservat unter dem Schutz der UNESCO. Allgemein bekannt sind die Sagen und Märchen um den Berggeist Rübezahl (tschech. *Krakonoš*, poln. *Liczyrzepa* bzw. *Duch Gór* = Berggeist), der im Riesengebirge seine Heimat hat.

Name

Die Bezeichnung Riesengebirge wurde erst Ende des 19. Jahrhunderts durch den Riesengebirgsverein verbreitet. In älteren Urkunden wird das Gebiet meist als *Gebirge*, *Schneegebirge* oder *Böhmisches Gebirge* bezeichnet. Dennoch gibt es schon frühere urkundliche Erwähnungen. Auf der Karte Schlesiens (1571) von Martin Hellweg wird der höchste Berg, die Schneekoppe, als Riesenberg bezeichnet. Ebenso in der Trautenauer Chronik (1549) von Simon Hüttel (*...bin ich Symon Hyttel mit eilf nachbarn von Trautenauw auf den Hrisberg zu öberst hinauf spaziert*). In der Chronik folgen dann auch Bezeichnungen für das die Schneekoppe umgebende Gebirge (*Hrisengepirge, Hrisengebirge, Risengepirge*) wobei die Herkunft des Begriffs von der Schneekoppe deutlich wird bei der Bezeichnung *Hrisenpergisches Gebirge*.[2] Laut Ernst von Seydlitz-Kurzbach[3] stammt der Name von Riesen, das sind rutschbahnartige hölzerne Rinnen zum Abtransport geschlagener Baumstämme aus steilen Gebirgstälern.

Der polnische Name des Gebirges lautete bis ins 20. Jahrhundert meist *Góry Olbrzymie* (Riesengebirge), seltener auch *Góry Śnieżne* (Schneegebirge). Die heute gängige und auch offizielle Bezeichnung *Karkonosze* war gleichfalls in Gebrauch und ist eine frühe Übernahme aus dem Tschechischen, wobei der tschechische Name vermutlich auf die bei Ptolemäus bezeugte, wahrscheinlich keltische Form *Korkontoi* (Κορκόντοι) zurückgeht[4] oder aber altslawischen Ursprungs ist. Wincenty Pol nannte die Berge 1847 „Góry Olbrzymie", Kornel Ujejski verwendete im selben Jahr die Bezeichnung „Karkonosze".

Geologie

Das Riesengebirge zeichnet sich durch eine komplexe geologische Struktur aus. Hier finden sich zahlreiche Gesteine (z. B. Granite, Glimmerschiefer und Gneise) und Mineralien wie z. B. Bergkristall. Reste aus der Eiszeit sind die Gletscherseen im nördlichen Teil des Gebirges.

Der Granit stellt die Hauptmasse der Gesteine im Riesengebirge dar. Das Vorkommen in ellipsoider Form, ein typischer Pluton, erreicht in seiner West-Ostrichtung eine Länge von 66 Kilometern und misst an seiner breitesten Stelle 20 Kilometer. Im Kern des Vorkommens liegt der *Zentralgranit*, der von älteren Gneisen und Glimmerschichten ummantelt wird. In diese Schichten ist Granit aus der spätkarbonischen Zeit eingedrungen. Der sogenannte Riesengebirgsgranit besteht aus rötlichblauem oder fleischrotem bis weißblauem Orthoklas, gelbbraunem Oligoklas, Quarz und Biotit. Des Weiteren kommen Plagioklas, Muskovit, Pyrit, Apatit und Zirkon vor. Der Granit hat ein porphyrisches oder gleich- bzw. feinkörniges Gefüge. Der

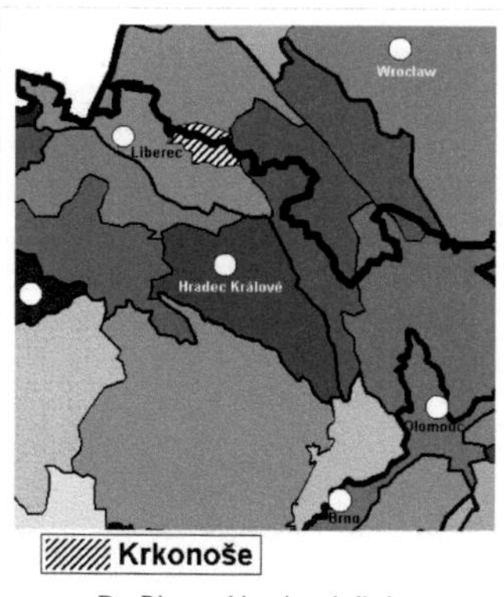

Das Riesengebirge innerhalb der geomorphologischen Einteilung Tschechiens und Polens

gleichkörnige Granit findet sich vor allem auf dem Gebirgskamm, insbesondere um Janowice Wielkie (*Jannowitz*) und nördlich der sogenannten „Friesensteine". Er wird auch *Berggranit* genannt.

Der Granit mit porphyrischem Gefüge, in dessen feinkörniger Grundmasse sich einzelne große Minerale als sogenannte *Einsprenglinge* befinden, wird am Ostrand des Riesengebirges und südlich von Jelenia Góra (*Hirschberg*) gefunden.

Im Riesengebirgsgranit sind Magmamassen in der Südwest-Nordost-Richtung des Massivs eingedrungen, die Ganggesteine gebildet haben. Die Vorkommen sind bis zu 30 Meter breit und zum Teil kilometerlang. Es handelt sich um Aplite (feinkörnige Granite) und Pegmatite (großkörnige Granite), porphyrische Granite und Lamprophyre. Es finden sich des Weiteren Malachite und Kersanite. Basalte treten nördlich von Jelenia Góra und Orle (*Karlsthal*) massenhaft an die Oberfläche.

Der rote porphyrische Riesengebirgsgranit wurde um Jannowitz, Karpniki (*Fischbach*) und Strużnica (*Neudorf*) abgebaut. Dieser Granit zeigt ein deutliches Richtungsgefüge durch die Paralleleinlagerung der Feldspäte, hat häufig Haarrisse. Er fand vor allem als Baustein Verwendung[5].

Ausführliche Untersuchungen der Granite des Riesengebirges stammen vor allem von den Geologen Ludwig Milch (1867–1928) und Hans Cloos (1886–1951); letzterer prägte den Begriff der „Granittektonik".

Geografie

Der Hauptkamm des Riesengebirges verläuft großteils in west-östlicher Richtung und bildet die Grenze zwischen Polen und Tschechien. Seine höchste Erhebung ist die 1602 m hohe Schneekoppe (poln. *Śnieżka*, tschech. *Sněžka*), der höchste Berg des Riesengebirges sowie ganz Tschechiens. Auf der schlesischen Nordseite in Polen fällt das Gebirge steil zum Hirschberger Tal hin ab, während es sich auf der böhmischen Südseite in Tschechien zum Böhmischen Becken hin senkt. Das Gebirgsvorland weist jeweils Meereshöhen von 300 Metern oder darüber auf. Im Nordosten setzt sich das Riesengebirge in Polen im Landeshuter Kamm fort, im Südosten reicht es über den Bergrücken Kolbenkamm bis zum Liebauer Tor und Rehorngebirge. Die westliche Begrenzung stellt der Neuweltpass (886 m) bei Jakuszyce (*Jakobsthal*)

Blick von der Nordseite zum Hauptkamm. Große Sturmhaube (*Śmielec*) (1.424 m) und Schwarze Agnetendorfer Schneegrube (*Czarny Kocioł Jagniątkowski*)

dar, dahinter schließt sich an der polnisch-tschechischen Grenze das Isergebirge an. In Tschechien verläuft südlich des Hauptkamms und parallel zu ihm der nur ca. 100 Meter niedrigere Böhmische Kamm (auch Innerer Kamm genannt). Er wird bei Špindlerův Mlýn von der Elbe durchbrochen. Daran schließen sich noch mehrere Nebenkämme an. Die Ausdehnung des Riesengebirges beträgt 631 km², wovon 454 km² auf tschechischem und 177 km² auf polnischem Gebiet liegen.

Blick vom Hauptkamm zum Böhmischen Kamm. Im Vordergrund die Spindlerbaude (*Špindlerova bouda*)

Hauptkamm und Böhmischer Kamm sind durch die Täler von Mummel (*Mumlava*), Elbe (*Labe*) und Weißwasser (*Bílé Labe*) getrennt. Weitere bedeutende Flüsse auf tschechischer Seite sind Velka Úpa (*Große Aupa*) und Malá Úpa (*Kleine Aupa*), sowie die Jizerka (*Kleine Iser*). Die Mumlava und die Jizerka münden in die Jizera (*Iser*), die im angrenzenden Isergebirge entspringt und den Südwesten des Riesengebirges durchfließt.

Elbfall mit Elbfallbaude um 1900

Die Flüsse der tschechischen Seite stürzen oft über steile Kanten von den Rändern der Höhenzüge in die von eiszeitlichen Gletschern geformten Täler. Die größten Wasserfälle auf der Südseite des Gebirges sind *Labský vodopád* (*Elbfall*) mit einer Fallhöhe von 50 m, *Pančavský vodopád* (*Pantschenfall*) (140 m, höchster Wasserfall Tschechiens), *Horní Úpský vodopád* (*Oberer Aupafall*), *Dolní Úpský vodopád* (*Unterer Aupafall*) und *Mumlavský vodopád* (*Mummelfall*) (10 m). Die bedeutendsten Flüsse auf polnischer Seite sind Zacken (*Kamienna*), Lomnitz (*Łomnica*) und Bober (*Bóbr*). Sie und ihre Zuflüsse verlaufen häufig in engen Felsschluchten und bilden aufgrund des starken Gefälles ebenfalls imposante Wasserfälle, wie z. B. den

Hainfall (*Wodospad Podgórnej*), Polen

Wodospad Kamieńczyka (*Zackelfall*) (27 m), den *Wodospad Szklarki* (*Kochelfall*) (13,5 m), den *Wodospad na Łomnicy* (*Lomnitzfall*) (10 m) oder den *Wodospad Podgórnej* (*Hainfall*) (10 m).

Über den Hauptkamm des Riesengebirges verläuft die Wasserscheide zwischen Nordsee und Ostsee. Die Flüsse der tschechischen Südseite entwässern über die Elbe in die Nordsee, die Flüsse der polnischen Nordseite über die Oder in die Ostsee.

Natur

Im Riesengebirge ist die typische Zonierung der Vegetation nach Höhenstufen eines mitteleuropäischen Gebirges vertreten. Die Flusstäler und niederen Lagen bilden die submontane Zone. Die hier ursprünglich vorherrschenden Laub- und Mischwälder wurden jedoch größtenteils durch Fichtenmonokulturen ersetzt. Nur in den Flusstälern sind noch Reste der Laubwälder vorhanden.

Daran schließt die montane Vegetationszone an. Deren natürliche Nadelwaldbestände wurden ebenfalls zum großen Teil durch Fichtenmonokulturen ersetzt. Diese sind durch Luftverschmutzung und Bodenversauerung oft stark geschädigt. An vielen Stellen ist der Wald

Abgestorbene Fichten im Moorgebiet am Nordabfall des Hauptkamms (Juli 2005)

großflächig abgestorben. Der Grund ist die geografische Lage im *Schwarzen Dreieck*, einer Region um das deutsch-polnisch-tschechische Dreiländereck, in der eine große Zahl von Elektrizitätswerken, die mit Braunkohle betrieben werden, existiert. Zwar wurde deren Schwefeldioxidemission, die hauptverantwortlich für den sauren Regen ist, sowie die Emission vieler anderer Luftschadstoffe seit Beginn der 1990er-Jahre stark reduziert, trotzdem konnte der Prozess des Waldsterbens, der bereits in den 1970er-Jahren einsetzte und Ende der 1980er-Jahre seinen Höhepunkt erreichte, noch nicht vollständig gestoppt werden.

Alpine Vegetationszone am Riesenkamm
(1400 m), östlich der Schneekoppe

Oberhalb der Baumgrenze in ca. 1250–1350 m Höhe liegt die subalpine Vegetationszone. Sie ist vor allem von Knieholzbeständen, natürlichen und sekundären Borstgraswiesen und subarktischen Hochmooren geprägt.

Diesem Lebensraum kommt im Riesengebirge eine besondere Bedeutung zu. Es handelt sich hierbei um einen Rest der arktischen Tundra, die während der Eiszeiten in Mitteleuropa vorherrschte. Gleichzeitig bestand jedoch eine Verbindung zum alpinen Grasland der Alpen. Es existieren hier Pflanzenarten nebeneinander, die sonst mehrere tausend Kilometer voneinander getrennt sind, z. B. Moltebeeren. Einige Arten entwickelten sich unter den speziellen Bedingungen des Riesengebirges anders als in den Alpen oder in der Tundra. Sie sind endemisch, das heißt, sie kommen nur hier vor.

Schneegruben und ehemalige Schneegrubenbaude
(*Schronisko nad Śnieżnymi Kotłami*)

Nur auf den höchsten Gipfeln (Schneekoppe, Hochwiesenberg (*Luční hora*), Brunnberg (*Studniční hora*), Hohes Rad, Kesselkoppe (*Kotel*) und Reifträger (*Szrenica*) findet man die alpine Vegetationszone. Hier herrschen Gras- und Flechtengesellschaften vor, deren Lebensraum ausgedehnte, aus Felstrümmern bestehende Schutthalden bilden.

Besonders artenreich sind Gletscherkare wie der Riesengrund (*Obří důl*), der Elbgrund (*Labský důl*) und der Weißwassergrund (*Důl Bílého Labe*) auf der Südseite und die dramatischen Schneegruben (*Śnieżne Kotły*), der Melzergrund (*Kocioł Łomniczki*) sowie die Kessel der Bergseen Großer Teich (*Wielki Staw*) und Kleiner Teich (*Mały Staw*) auf der Nordseite des Hauptkamms. Die artenreichsten Stellen nennt man *zahrádka* („Gärtchen"). Davon gibt es im Riesengebirge etwa 15, z. B. Čertova zahrádka (*Teufelsgärtchen*) und Krakonošova zahrádka (*Rübezahls Gärtchen*).

Rübezahl nach Martin Helwig, 1561

Naturschutz

Zackelfall (*Wodospad Kamieńczyka*), Polen

Sowohl auf tschechischer Seite als auch auf polnischer Seite sind große Teile des Riesengebirges als Nationalpark geschützt. Der Wegbereiter für den Naturschutz im Riesengebirge war Johann Nepomuk von Harrach, der 1904 eine Fläche von 60 ha im Elbgrund zum Naturschutzgebiet erklären ließ, um die Riesengebirgsflora zu erhalten.

Karkonoski Park Narodowy (KPN)

Der 56 km² große Karkonoski Park Narodowy (KPN, *Nationalpark Riesengebirge*) besteht als polnischer Nationalpark bereits seit 1959. Er umfasst vor allem die sensiblen Hoch- und Gipfellagen des Gebirges ab etwa 900–1000 m Höhe und einige besondere Naturreservate unterhalb dieser Zone.

Krkonošský národní park (KRNAP)

Anschließend an den polnischen Nationalpark wurde 1963 der Krkonošský národní park (KRNAP, *Nationalpark Riesengebirge*) als erster Nationalpark in Tschechien eingerichtet. Seine Fläche beträgt annähernd 370 km². Unter Schutz stehen nicht nur die subalpinen Kammlagen, sondern auch die Bereiche bis an den Fuß des Gebirges.

Die strengen Naturschutzbestimmungen des polnischen Nationalparks lassen keine künstliche Wiederaufforstung der durch das Waldsterben in den 1970er- und 1980er-Jahren betroffenen Bereiche des Gebirges zu. Auf tschechischer Seite hingegen wird Wiederaufforstung betrieben.

Klima

Das Klima des Riesengebirges ist von häufigen Wetterumschwüngen geprägt. Die Winter sind kalt und Schneehöhen über drei Meter keine Seltenheit. Weite Teile des Gebirges verbergen sich ca. 5–6 Monate unter einer Schneedecke. Die höheren Lagen sind oft in dichten Nebel gehüllt. Der Gipfel der Schneekoppe ist an durchschnittlich 296 Tagen zumindest zeitweise im Nebel bzw. in den Wolken verborgen. Die Durchschnittstemperatur auf der Schneekoppe beträgt ca. 0,2 °C. Die Kammlagen gehören zu den windexponiertesten Gegenden Europas. Auf der polnischen Seite ist der Föhn eine häufige Wettererscheinung. Der jährliche Niederschlag reicht von ca. 700 mm am Fuße des Gebirges bis zu 1230 mm auf der Schneekoppe. Mit bis zu durchschnittlich 1512 mm in den Schneegruben werden die höchsten Niederschlagsmengen jedoch in den Tälern am Fuße des Hauptkammes erreicht.

Besiedlung

Das Riesengebirge war bis ins Mittelalter unbesiedelt. Die schlesischen Piasten errichteten zu jener Zeit an den nördlichen Abhängen des Gebirges Grenzburgen zur Sicherung ihrer Gebiete. Mit der Ansiedlung sächsischer, fränkischer und thüringischer Kolonisten im Umkreis jener Burgen begann die Urbarmachung des Territoriums. Ausgehend vom Hirschberger Tal – 1288 etwa wurde Hirschberg gegründet – wurden nach und nach immer höhere Regionen des Gebirges erschlossen.

Die Besiedelung der böhmischen Seite des Riesengebirges hingegen begann weit später (Spindlermühle etwa 1793), durch Kolonisten aus dem Alpenraum. Diese Kolonisten brachten ihre traditionellen, für den Alpenraum typischen, Wirtschaftsformen mit, etwa die alpine Weidewirtschaft. Dadurch entstanden im böhmischen Riesengebirge jene Baudensiedlungen, die bis 1945 die Landschaft prägten.

Mit dem Ende des Zweiten Weltkrieges begann die Vertreibung der deutschen Bevölkerung. Die Bewohner des schlesischen Teils des Gebirges gelangten vorwiegend in den britisch und sowjetisch besetzten Teil Deutschlands, die Bewohner des böhmischen Teils vorwiegend in die amerikanische Besatzungszone. Die schlesische Seite wurde daraufhin mit Polen neubesiedelt, die böhmische Seite mit Tschechen. Hierbei handelte es sich um Neubürger aus dem tschechischen Landesinneren, tschechische Repatrianten, aber auch um Slowaken und Roma, die man kulturell assimilieren wollte. Insbesondere auf der tschechischen Seite konnte die frühere Besiedelungsdichte allerdings nie mehr erreicht werden, sodass heute ca. 2/3 weniger Einwohner in dem Gebiet leben.

Wirtschaft

Im Mittelalter begann der Bergbau. Zunächst waren es Edelsteine, dann kamen Eisenerz und andere Mineralien dazu. Für die Verarbeitung der Erze waren große Mengen Holz erforderlich, so dass der Rodung des Waldes Einhalt geboten werden musste. Der Dreißigjährige Krieg beendete die Blütezeit des Bergbaus. Auf der böhmischen Seite entwickelte sich die Glaskunst, die sich durch eine reiche Farbgestaltung auszeichnet. In der Stadt Harrachov befindet sich heute ein Glasmuseum.

Besonders in der Umgebung von Bergbauden entstanden durch Rodung artenreiche Bergwiesen, welche in alpiner Weidewirtschaft gepflegt wurden. Durch die Vertreibung der sudetendeutschen Bevölkerung kam diese Art der Bewirtschaftung ab 1945 weitestgehend zum Erliegen, wodurch diese Bergwiesen nach und nach verwilderten. Geblieben ist die touristische Erschließung, die sich seit dem 19. Jahrhundert entwickelt hat.

Besonderheiten

Die Teichbaude (*Schronisko Samotnia*) am Kleinen Teich, Polen

Typisch für das Riesengebirge sind die zahlreichen Bergbauden. (mittelhochdeutsch *Buode* = Bau, Gebäude). Ursprünglich handelte es sich um von Hirten im Sommer bewohnte, meist hölzerne Schutzhütten in den höheren Gebirgslagen. Ab etwa 1800 wurden einige der Hütten für die ersten Wanderer interessant, sodass viele gegen Ende des 19. Jahrhunderts in Herbergen umgewandelt wurden. Später wurden die Bauden oft erweitert, um eine größere Zahl von Gästen bewirten und beherbergen zu können. Bekannte historische Bauden sind beispielsweise die Wiesenbaude (*Luční bouda*), die *Martinsbaude* (*Martinová bouda*) und die *Wosseckerbaude* (*Vosecká bouda*) in Tschechien sowie die *Hampelbaude* (*Schronisko Strzecha Akademicka*), die *Teichbaude* (*Schronisko Samotnia*) und die *Neue Schlesische Baude* (*Schronisko na Hali Szrenickiej*) in Polen. An anderen Stellen wurden die alten Bauden durch neuere Gebäude ersetzt. Zu diesen im 20. Jahrhundert speziell für touristische Zwecke errichteten Bauden zählen z. B. die Peterbaude (*Petrova bouda*, 2011 abgebrannt) oder die Gipfelbaude auf der Schneekoppe (*Schronisko na Śnieżce*).

Auch zahllose, zum Teil sehr eindrucksvolle und auf der gesamten Länge des Gebirges vorhandene Felsformationen hat das Riesengebirge zu bieten, z. B. die Mädelsteine (tschech. *Dívčí kameny*, poln. *Śląskie Kamienie*) und die Mannsteine (tschech. *Mužské kameny*, poln. *Czeskie Kamienie*) in über 1400 m Höhe am Hauptkamm, die Harrachsteine (*Harrachovy kameny*) in Tschechien oder die gewaltigen Dreisteine (*Pielgrzymy*) und den Mittagstein (*Słonecznik*) in Polen. Es sind hohe Türme und Blöcke aus Granit, die durch ungleichmäßige

Panorama einer Hochfläche mit Bauden, Tschechien

Verwitterung verschiedenartige Formen angenommen haben. Oft ähneln sie Menschen oder Tieren, erreichen aber Höhen von bis zu 30 Metern. Ähnliche Formationen finden sich auch in anderen Teilgebirgen der Sudeten.

Tourismus

Das Riesengebirge ist eines der traditionsreichsten Touristengebiete in Mitteleuropa. Bereits im 18. und 19. Jahrhundert waren Besteigungen der Schneekoppe häufig, etwa durch Theodor Körner oder Johann Wolfgang von Goethe. Ende des 19. Jahrhunderts gründeten sich auf der böhmischen und schlesischen Seite des Gebirges zwei Vereine, der schlesische Riesengebirgsverein und der Österreichische Riesengebirgsverein. Beide setzten sich u.a. die touristische Erschließung des Riesengebirges zum Ziel, wozu in erster Linie der Wegebau vorangetrieben wurde. Insgesamt schuf man ein Wegenetz von 3000 Kilometern, wobei allein 500 Kilometer auf das Hochgebirge entfielen. Das Riesengebirge wurde in Folge zu einem der beliebtesten

Erinnerungen an das Riesengebirge, Caspar David Friedrich, vor 1835

Urlaubsgebiete Deutschlands. Im damaligen Schreiberhau (heute: Szklarska Poręba) auf der schlesischen Seite befanden sich seit der Gründerzeit zahlreiche Ferienvillen von Berliner Fabrikanten, die auch heute noch erhalten sind und ein besonderes Flair haben. Direkte Bahnverbindungen nach Schreiberhau bestanden von Berlin, Breslau und Dresden, sodass eine bequeme und schnelle Anreise möglich war.

Nach 1945 erfolgte auf beiden Seiten des Gebirges vor allem ein Ausbau der Skigebiete mit Liften und neuen Abfahrtspisten, während die traditionellen Bergbauden zunächst vernachlässigt wurden. Etliche wurden ein Opfer von Bränden, wie die *Elbfallbaude*, die *Riesenbaude* oder die einstige *Rennerbaude* und die *Prinz-Heinrich-Baude*. Ebenso verfielen aufgrund mangelnder Pflege viele Wanderwege, Sprungschanzen und Rodelbahnen. Der grenzüberschreitende Kammweg war in den 1980er-Jahren nur noch polnischen und tschechoslowakischen Bürgern zugänglich; deutschen Besuchern wurde die Nutzung des nunmehr *Freundschaftsweg* genannten Weges untersagt.

Heute stellt das Riesengebirge vor allem für Gäste aus Deutschland und den Niederlanden wieder ein beliebtes Urlaubsziel im Sommer und im Winter dar. Große und schneesichere Skigebiete befinden sich auf der tschechischen Seite in Špindlerův Mlýn (*Spindlermühle*) und Harrachov (*Harrachsdorf*) sowie auf der polnischen Seite in Szklarska Poręba (*Schreiberhau*) und Karpacz (*Krummhübel*). Bekannt sind auch die Skiflugschanzen von Harrachov und Karpacz.

Bedeutende Erhebungen

- Schneekoppe (tschech. *Sněžka*, poln. *Śnieżka*), 1602 m, höchster Berg des Riesengebirges, der Sudeten und Tschechiens, Gipfelstation des Sessellifts aus Pec pod Sněžkou
- Hochwiesenberg (*Luční hora*), 1555 m, höchster Berg des Böhmischen Kamms
- Brunnberg auch *Steinboden* (*Studniční hora*), 1554 m
- Hohes Rad (poln. *Wielki Szyszak*, tschech. *Vysoké Kolo*), 1509 m, höchster Berg im westlichen Teil des Riesengebirges
- Mittagsberg (*Smogornia*), 1489 m
- Veilchenstein (poln. *Łabski szczyt*, tschech. *Violík*), 1472 m

Der Reifträger (*Szrenica*), 1362 m

- Kleine Sturmhaube (poln. *Mały Szyszak*, tschech. *Malý Šišák*), 1440 m
- Kesselkoppe (*Kotel*), 1435 m
- Große Sturmhaube (poln. *Śmielec*, tschech. *Velký Šišák*), 1424 m
- Plattenberg (tschech. *Zadní planina*), 1423 m
- Harrachsteine (tschech. Harrachovy kameny), 1421 m

- Mannsteine (tschech. *Mužské kameny*, poln. *Czeskie Kamienie*), 1416 m
- Mädelsteine (tschech. *Dívčí kameny*, poln. *Śląskie Kamienie*), 1414 m
- Schwarze Koppe (tschech. *Svorova hora*, poln. *Czarna kopa*), 1411 m
- Goldhöhe (tschech. *Zlate navrsi*), 1411 m
- Rosenberg (tschech. *Ruzova hora*), 1390 m
- Kleine Koppe (*Kopa*), 1377 m, nördlicher Seitengipfel der Schneekoppe, Gipfelstation des Sessellifts aus Karpacz, Skigebiet
- Fuchsberg (*Liščí hora*), 1363 m
- Reifträger (*Szrenica*), 1362 m, Gipfelstation des Sessellifts aus Szklarska Poręba, Skigebiet
- Kahler Berg (*Lysá hora*), 1344 m
- Ziegenrücken (tschech. *Kozi hrbety*), 1422 m
- Heuschober (*Stoh*), 1315 m
- Schwarzenberg (*Černá hora*), 1299 m
- Schüsselberg (*Medvědín*), 1235 m, Gipfelstation des Sessellifts aus Špindlerův Mlýn, Skigebiet
- Teufelsberg (*Čertová hora*), 1020 m, Gipfelstation des Sessellifts aus Harrachov, Skigebiet, auch bekannt durch die dortige Skiflugschanze
- Kynast (*Chojnik*), 627 m, mit mittelalterlicher Burgruine Chojnik

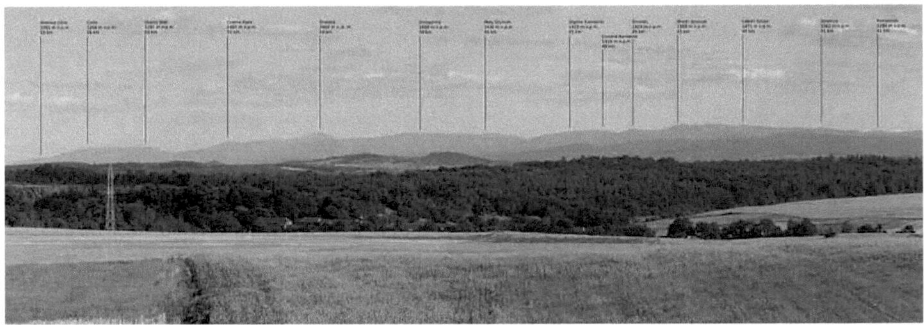

Hauptkamm von polnischer Seite: Schwarze Koppe, Schneekoppe, Hohes Rad, Veilchenstein, Reifträger (v.l.n.r.)

Ausgewählte Orte im Riesengebirge

in Polen:

- Jelenia Góra (*Hirschberg*)
- Karpacz (*Krummhübel*)
- Szklarska Poręba (*Schreiberhau*)
- Podgórzyn (*Giersdorf*)
- Jagniątków (*Agnetendorf*)
- Piechowice (*Petersdorf*)
- Kowary (*Schmiedeberg*)
- Kamienna Góra (*Landeshut*)

in Tschechien:

- Harrachov (*Harrachsdorf*)
- Rokytnice nad Jizerou (*Rochlitz an der Iser*)
- Vrchlabí (*Hohenelbe*)

* Špindlerův Mlýn (*Spindlermühle*)
* Pec pod Sněžkou (*Petzer*) mit Velká Úpa (*Groß Aupa*)
* Trutnov (*Trautenau*)

Literatur

* Joseph Carl Eduard Hoser: *Das Riesengebirge in einer statistisch-topographischen und pittoresken Übersicht.* Wien 1803/04 (Digitalisat Band 1 [6]) (Digitalisat Band 2 [7])

Weblinks

* touristische Webseiten des tschechischen Riesengebirges [8]
* Tschechischer Nationalpark Riesengebirge [9] – tschechisch
* Polnischer Nationalpark Riesengebirge [10] – polnisch und englisch
* Website über das Riesengebirge [11]
* Informationen zum Riesengebirge|Genealogie|Geschichte [12]
* Onlinearchiv der Zeitung des Riesen-Gebirgs-Vereins RGV, Hirschberg; *Der Wanderer im Riesengebirge*; Breslau 1881-1943 [13]
* Onlinearchiv der Zeitung des Österreichischen Riesengebirgs-Vereins, Hohenelbe; *Das Riesengebirge in Wort und Bild*; Marschendorf 1881-1898 [14]

Einzelnachweise

[1] http://toolserver.org/~geohack/geohack.php?pagename=Riesengebirge&language=de¶ms=50.7361111111_N_15. 74_E_dim:20000_region:PL/CZ_type:mountain(1602)

[2] http://www.waltersperling.de/geonamen/index_wb.htm Walter Sperling: *GEOGRAPHISCHE NAMEN IN DEN BÖHMISCHEN LÄNDERN*

[3] Ernst von Seydlitz-Kurzbach: *Geographie 1917*

[4] Pavel Holubec, Historické proměny krajiny Krkonoš (http://titek.wz.cz/texty/Krkonose.pdf), 2003, s. 9 {{{2}}}

[5] W. Dienemann und O. Burre: Die nutzbaren Gesteine Deutschlands und ihre Lagerstätten mit Ausnahme der Kohlen, Erze und Salze, Enke-Verlag, Stuttgart 1929, S. 61ff

[6] http://books.google.de/books?id=DmYAAAAAcAAJ&printsec

[7] http://books.google.de/books?id=HmYAAAAAcAAJ&printsec

[8] http://www.krkonose.eu/

[9] http://www.krnap.cz/

[10] http://kpnmab.pl/

[11] http://www.ergis.cz/krkonose/

[12] http://www.riesengebirgler.de/

[13] http://www.difmoe.eu/archiv/year?content=Periodika&kalender=0&name=Der+Wanderer+im+Riesengebirge&title=Der+ Wanderer+im+Riesengebirge

[14] http://www.difmoe.eu/archiv/year?content=Periodika&kalender=0&name=Das+Riesengebirge+in+Wort+und+Bild&title=Das+ Riesengebirge+in+Wort+und+Bild

Isergebirge

<table>
<tr><td colspan="2" align="center">Isergebirge</td></tr>
<tr><td colspan="2">

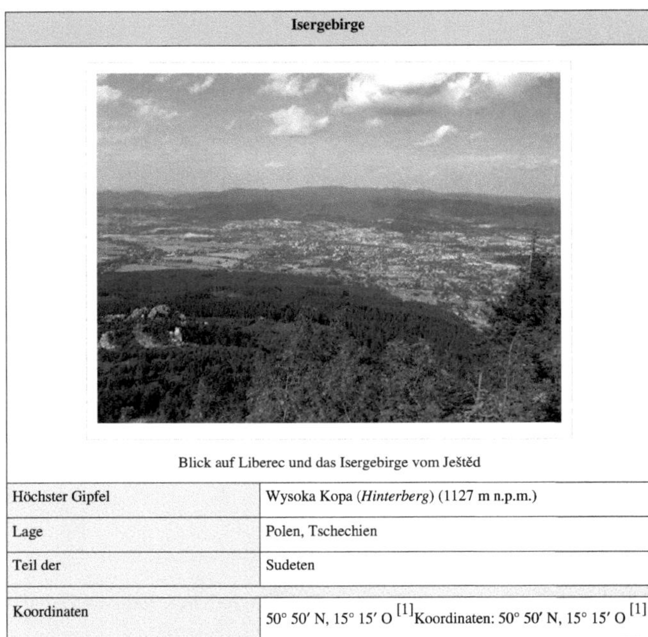

Blick auf Liberec und das Isergebirge vom Ještěd
</td></tr>
<tr><td>Höchster Gipfel</td><td>Wysoka Kopa (Hinterberg) (1127 m n.p.m.)</td></tr>
<tr><td>Lage</td><td>Polen, Tschechien</td></tr>
<tr><td>Teil der</td><td>Sudeten</td></tr>
<tr><td>Koordinaten</td><td>50° 50′ N, 15° 15′ O [1]Koordinaten: 50° 50′ N, 15° 15′ O [1]</td></tr>
</table>

Das **Isergebirge** (tschechisch *Jizerské hory*, polnisch *Góry Izerskie*) ist ein Teil der Sudeten und bildet die Verbindung zwischen dem in Deutschland gelegenen Zittauer Gebirge/Lausitzer Gebirge und dem Riesengebirge. Das Isergebirge gehört zu Tschechien und Polen und ist Quellgebiet von Iser, Queis und Lausitzer Neiße.

Name

Seit dem 19. Jahrhundert wird das Gebirge Isergebirge genannt – Namensgeber ist der Fluss Iser (tschechisch *Jizera*, polnisch *Izera*). Bis dahin zählte man die Berge zum Riesengebirge. Der Name Iser ist keltischen Ursprungs, allerdings soll die Wurzel des Wortes Iser auf das altindische *isarás* = ‚heftig', ‚frisch', ‚flink' zurückgehen, aus dem auch die Bezeichnungen anderer europäischer Flüsse entstanden. Der tschechische Name des Flusses Jizera ist erstmalig 1297 belegt. Heute bezeichnen viele Tschechen die Berge umgangssprachlich als Jizerky.

Geographie

Der höchste Berg ist der in Polen gelegene Wysoka Kopa (*Hinterberg*, 1126 m), bekannter ist jedoch der von einem Aussichtsturm bekrönte Smrk (*Tafelfichte*, 1124 m) an der polnisch-tschechischen Grenze, dessen Gipfel in Tschechien liegt.

Der Tafelstein (tschechisch *Tabulový kámen*, 1072 m) am Nordhang der Tafelfichte markierte die Grenzen der Herrschaften der Grafen Gallas in Friedland, der Herren von Gersdorff auf Meffersdorf/Oberlausitz und der Grafen Schaffgotsch in Schreiberhau/Schlesien. In der Zeit zwischen 1742 und 1815 wurde er zum Dreiländereck Sachsen/Österreich/Preußen.

Das Isergebirge ist den letzten Jahrzehnten des 20. Jahrhunderts vielen Bergsteigern und Wanderern, aber auch Oppositionellen der DDR und ČSSR, durch das Misthaus ein Begriff geworden.

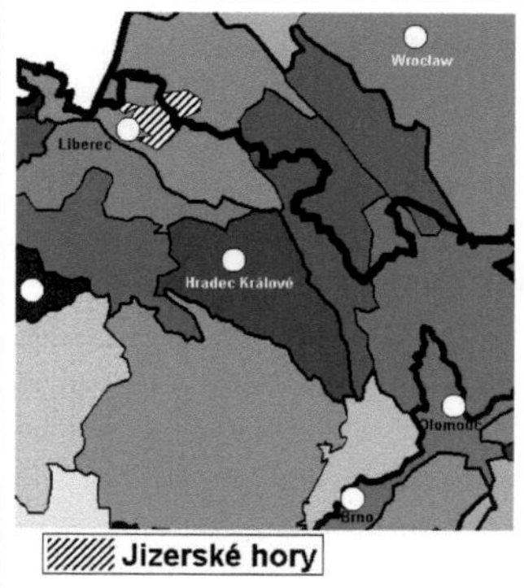

Das Isergebirge innerhalb der geomorphologischen Einteilung Tschechiens und Polens

Geologie

Das typische Gestein des Isergebirges ist der porphyr-biotische Granodiorit (Isergebirgsgranit). Auffällig ist seine Grobkörnigkeit mit markanten Kristallen von rötlichem Feldspat. Er entstand vor gut 250 Millionen Jahren. Besonders sichtbar ist er in den bizarren Felsen am Nordhang des Gebirges, aber auch verbaut in einigen Stationen der Prager U-Bahn, in älteren Gebäuden von Liberec oder Jablonec nad Nisou, bei Aussichtstürmen auf Bergen des Gebirges und bei den Hafenanlagen der Hansestadt Kiel. Beeindruckende Granitblöcke befinden sich auch auf den Gipfeln von Taubenhaus (*Holubník*), Vogelkuppen (*Ptačí kupy*), Raubschützenfelsen (*Pytlácké kameny*) oder Klein Iser (*Jizera*). In die Sandablagerungen der Bergbäche gelangten Kristalle diverser Minerale wie beispielsweise Rubine oder Saphire. Sie entstammen gangartigem Gestein im Granit (verwittertes Pegmatit). Die sogenannten Isergebirssaphire gehören zu den schönsten Europas und wurden bereits seit dem Mittelalter in den Ablagerungen des Safírový potok oder im Fluss Jizerka gesammelt.

Im Mittelteil des Gebirges treten vulkanische Gesteine hervor (Basalte oder Olivin-Nepheline). Besonders markant ist der kegelförmige Buchberg (Bukovec). Weiterhin bedeutend sind die Basaltberge in der Nähe von Friedland (Frýdlant v Čechách).

Im südwestlichen Teil des Gebirges nahe Neustadt an der Tafelfichte (Nové Město pod Smrkem) sind Glimmerschiefer und Phyllite zu entdecken, d. h. Gesteine aus dem ältesten Erdaltertum. Der Charakter des Gebirges unterscheidet sich hier von dessen übrigen Teilen. Südlich von Neustadt fand man Buntmetallerze, vor allem das Zinnerz Kassiterit. Eine Reihe aufgelassener Bergwerke wie auch die schachbrettartige Anlage der Stadt zeugen heute vom einst blühenden Bergbau. Im Gebirge sind außerdem Felsgebilde aus Quarz anzutreffen. Der Quarzabbau begann teilweise schon im 13. Jahrhundert.

Gewässer

Die Vielzahl von Wasserläufen, Quellen, Talsperren und Moortümpeln weisen auf den Wasserreichtum des Isergebirges hin. Schätzungen ergaben, dass das hier gespeicherte Wasser rund ein Zehntel des Gesamtverbrauchs an Trinkwasser in der Tschechischen Republik entspricht. Über das Gebirge verläuft die Wasserscheide zwischen Ost- und Nordsee. Während die Flüsse der südostlichen Gebirgsseite (Iser, Desse und Kamnitz) in die Nordsee fließen, suchen Lausitzer Neiße, Wittig und Queis auf der West- und Nordseite ihren Weg in die Ostsee. Typisch für dieses Gebiet sind aufgrund der Granitfelsen die mehrstufigen Wasserkaskaden mit Stromschnellen und Wasserfällen.

Bedeutend für das Aussehen des Isergebiges sind seine Moore, die seit dem Ende der Eiszeit vor 10.000 Jahren entstanden. Sie stehen bis auf Ausnahmen allesamt unter Naturschutz. Früher dienten sie zum Torfabbau. Das höchstgelegendste Moor ist etwa sechs Meter mächtig.

Klima und Wetter

Typisch für das Isergebirge ist sein sehr raues Klima. Nebeltage und Nieselregen sind keine Seltenheit. Die Berge sind teilweise bis zu 160 Tagen mit Schnee bedeckt. Die Sommer sind kurz und mäßig kühl, so dass bisweilen die Temperatur in den Gipfelzonen unter den Gefrierpunkt fällt. Lange und hartnäckigige Winter charakterisieren das Gebiet.

Durchschnittstemperaturen

Die durchschnittlichen Temperaturen hängen stark von der Meereshöhe ab, so dass Unterschiede bis um zu 2 °C auf einen Höhenunterschied von 100 Metern als normal gelten. Aufgrund der verringerten Luftzirkulation bestimmt im Gegensatz zur Umgebung eine konstant niedrige Temperatur die sogenannten „Eiskessel". Die bekannteste dieser Stellen ist die Ortschaft Klein Iser (Jizerka). Im Jahre 1942 wurde hier mit -42 °C der absolute Kälterekord gemessen.

Typisch für das Gebirge ist die Temperaturinversion in den Wintermonaten. Während es in den höher gelegenen Gebieten wärmer ist, bilden sich in Niederungen wie dem Liberecer Kessel „Seen" kalter Luft. Schadstoffe in vermehrter Konzentration verschlechtern die Sicht, die sich allerdings mit jedem Höhenmeter verbessert und das Blau des Himmels freigibt.

Niederschlagsverhältnisse

Besonders auf den Hochflächen fällt aufgrund der vorherrschenden Nordwestwinde vermehrt Niederschlag. Auf diesen höheren Teil des Sudetenmassivs sind im mittleren Vergleich die täglichen, monatlichen und jährlichen Nierschlagsmengen auf dem Gebiet Tschechiens und der Slowakei auffällig. Im Ort Klein Iser (Jizerka) wurde der absolute Rekord gemessen (2201 mm im Jahr 1926). Am wasserreichsten sind die Monate Juli und August, am niederschlagärmsten sind Februar und März. Deutlich ist, dass sich mit steigender Höhe die Niederschlagsmenge erhöht. Vor allem in den Sommermonaten steigt der Wasserstand der größten Bergflüsse. In Erinnerung steht noch die schlimmste Überschwemmung Nordböhmens im Jahre 1897.

Luftreinheit

Die im Wesentlichen ungefilterte Verbrennung von Braunkohle in den Kohlekraftwerken der DDR und Polens im Oberlausitzer Bergbaurevier verunreinigte für Jahrzehnte die Luft durch unzureichenden Emissionschutz erheblich. Besonders in den 1980er Jahren überschritt die Schwefeldioxid-Konzentration die für den Waldbestand kritische Höhe, so dass die Grundvoraussetzung für eine gesunde Baumentwicklung nicht mehr gegeben war. Dem Absterben einzelner Bäume folgte der ganzer Fichtenbestände. Nach den Sanierungen der Braunkohlekraftwerke in Polen und im Erzgebirge

Fichtenwald im Juli 2006

bzw. nach der Umstellung auf Gas ab dem Jahr 1989 ging die SO_2-Konzentration um mehr als ein Drittel der Werte in den 1980er Jahren zurück. Eine plötzlich eintretende Regenerierung der Waldbestände begann. Dennoch erscheinen auf Dauer hin sowohl die Änderung der Zusammensetzung des Baumbestandes als auch die Zunahme des Autoverkehrs als problematisch.

Biogeographie

Flora

Bis zur Kolonisation im 13. Jahrhundert machten Fichten und Tannen zwei Drittel des Baumbestandes aus. Sonst wuchsen Buchen, Bergahorn, Ulmen und Birken. Die Siedler bauten Häuser und rodeten Wälder für die Landwirtschaft. Besonders einschneidend war das Aufkommen der Glasindustrie im 17. und 18. Jahrhundert. Die Asche des in den Glasöfen verbrannte Holzes wurde ebenfalls in der Glasherstellung benötigt. Allerdings erließ die Obrigkeit im 18. Jahrhundert verschiedene Erlasse, die den Abbau einschränken sollten. So zogen sich die Glasmacher ins Vorland zurück und nutzten die Bäume anderer Wälder. Damit begann auch eine gewisse Wiederaufforstung, wobei bereits im 19. Jahrhundert 90 Prozent des Waldbestandes Fichten ausmachten. Jedoch erwies sich die Monokultur als nicht widerstandsfähig, so dass 1906 das Isergebirge erstmalig von einer Nonnenplage heimgesucht wurde. Borkenkäfer und Lockenwickler wirkten insbesondere zerstörerisch seit den Belastungen der Emissionen des Braunkohlebergbaus. Die heutige Zusammensetzung dieser Wälder lässt sich mit 75 Prozent Fichten, 10 Prozent Buchen und Kahlflächen bzw. andere Baumarten beschreiben. Es ist deutlich, dass nur kleine Ausnahmen den ursprünglichen Baumbestand des Gebirges widerspiegeln. Allerdings bemühen sich Forst und Naturschützer um eine Wiederbelebung des ursprünglichen Waldes, bei der auch Gelder aus der Europäischen Union fließen.

In den Fichtenwäldern sind Heidelbeere, Draht-Schmiele, Wurmfarn und andere Moosarten typisch für den Boden. Außerdem ist der Schwalbenwurz-Enzian verbreitet. In Buchenwäldern gedeihen Echter Seidelbast, Wildes Silberblatt, Türkenbundlilie, Eisenhut und Alpen-Milchlattich.

Die Moore sind zu großen Teilen vom eher anspruchslosen Torfmoos bewachsen. Senkt sich der mooreigene Wasserspiegel ab, setzt eine Verheidung der Mooroberfläche ein, so dass das Wachstum von Zwergsträuchern begünstigt wird. Weiterhin sind Preiselbeere, Schwarze Krähenbeere, Rosmarinheide, Wacholder, Riedgras, Wollgras und Sonnentau anzutreffen.

Die seit 800 Jahren angelegten Bergwiesen charakterisieren das Isergebirge auf eine heute natürlich anmutende Weise. Auf ihnen gedeihen neben einer Reihe von Blütenpflanzen auch seltene Orchideenarten. Besonders am Nordhang des Bukovec gibt es ein großes Vorkommen der Trollblume. Das Fuchskreuzkraut nutzten die Bewohner des Gebirges als Allheilmittel, das sie im getrocknetem Zustand auch nach Deutschland verkauften.

Fauna

Ursprünglich lebten im Isergebirge auch Bären, Wölfe und Luchse. Allerdings sah der Mensch in ihnen eine wirtschaftliche Bedrohung, so dass der letzte Bär 1741 und der letzte Wolf um 1800 geschossen wurden. Weiterhin brachte die ökologische Katastrophe in den 1980er Jahren nicht unbedingt eine Dezimierung der natürlichen Vielfalt der Tierarten mit sich, wohl aber war deren Lebensraum stark eingeschränkt. Heutzutage suchen sich jedoch die verbliebenen Tiere neue Territorien. Zu ihnen gehören Luchs, Kranich, Kolkrabe und Falke, aber auch Hirsch, Reh, Damwild und Mufflon.

Das letzte Wildschwein wurde 1924 geschossen, doch flüchteten einige nach Ende des Zweiten Weltkrieges aus Schlesien, so dass sie heute wieder eine Population von mehreren Hundert - vor allem im Gebiet von Frýdlant v Čechách - ausmachen.

Früher gehörten auch Auer- und Birkhahn zum jagdbaren Wild des Gebirges, von denen allerdings nur die Birkhähne überlebt haben. Ihr Lebensraum sind die Hochflächen mit den Mooren. Weitere Vogelarten des Gebirges sind Uhu, Rauhfußkauz, Hausrotschwanz, Trauerschnäpper, Grauschnäpper, Kleiber, Baumpieper und Meisen. Teilweise sind auch Schwarzstorch, Schwarz- und Grünspecht, Wasseramseln und Bachstelzen anzutreffen. Aufgrund der ökologischen Katastrophe war besonders die Zahl der Bussarde und Habichte rückläufig, doch gibt es Naturschützer, die Holzkästen aufgestellt haben, so dass ein Anstieg der Population zu verzeichnen ist.

Kleinere Säugetiere sind Gemeine Spitzmaus, Kleine Spitzmaus, Bergspitzmaus, Waldmaus, Haselmaus und Siebenschläfer. Außerdem trifft man auf Fuchs und Baummarder. Besonders in den Buchenwäldern sind Salamander, Laufkäfer, Bockkäfer und Hirschkäfer vorhanden. Für das Gebirge typische Schmetterlinge sind Nagelfleck, Limenitis archippus und Trauermantel.

Spinnen, Libellen und Käfer charakterisieren vor allem die Fauna der Moore, so die Wolfsspinne, der Hochmoor-Glanzflachläufer *Agonum ericeti*, der kleine Laufkäfer *Patrobus assimilis* und der Schwimmkäfer.

Gebirgsbäche, Teiche und Stauseen sind reich an einer Vielzahl von Fischen. Die Fischzucht begann im 17. Jahrhundert. Aus dieser Zeit stammt der Fischteich von Šolc bei Raspenava. Wallenstein förderte dies und ließ neue Wasserbauten errichten. Im oberen Gebirge jagten die Bewohner die Bachforelle. In den Stauseen wurde der Bachsaibling ausgesetzt, allerdings starb die Population des Stausees bei Černá Nisa im Jahre 1949 aufgrund des plötzlichen Tauwetters aus. In den 1960er Jahren führte die Versäuerung des Wasser zu einem generellen Fischsterben. Erst in den 1990er Jahren siedelten sich einige Fischarten in den Gewässern wieder an.

Es kommen sieben Fledermausarten vor, die in alten Überlaufstollen und Bergwerkstollen zu Hunderten überwintern.

Geschichte

Frühgeschichte

Bei den Hruškové skály gruben Archäologen vor dem Zweiten Weltkrieg Scherben von Gefäßen aus, die wohl in die späte Steinzeit zu datieren sind. Funde ähnlicher Natur fand man sowohl an den Pohanské kameny im Gebiet von Friedland (Frýdlant v Čechách) als auch am Chlum bei Raspenau (Raspenava), wo Äxte und anderes Gerät aus der Zeit zwischen dem 2. und 1. Jahrhundert vor Christus entdeckt wurden. Unklar ist, ob diese germanischen, slawischen oder keltischen Ursprungs sind.

Mittelalter

Zunächst siedelten lausitzer-serbische Slawen im Gebiet des heutigen Friedland (Frýdlant v Čechách). Ortsnamen wie Černousy oder Horní Řasnice erinnern daran. Lausitzer Sorben waren es auch, die im heute polnischen Teil die Gottheit *Flins* anbeteten, nach dem die weißen Quarzfelsen auf dem *Wysoki grzbi* benannt wurden. Die intensive Besiedlung des böhmischen Vorlandes erfolgte ab dem Jahr 1278, als die Familie von Biberstejn die Burg in Friedland (Frýdlant v Čechách) erwarb und deutsche Kolonisten ins Land holte. An den Bächen erbauten sie die für die Deutschen typischen Fachwerkhäuser. Hinter ihnen befanden sich die Felder. Diese sogenannten Gewannsiedlungen bestimmen bis heute das Bild der Dörfer im Gebiet um Friedland.

In zeitlicher Nähe wurde unter der Regentschaft des Friedländer Adels Reichenberg (Liberec) gegründet - die Kirche ist seit 1532 bezeugt. Während im nördlichen Gebiet vermehrt Landwirtschaft betrieben wurde, entwickelte sich aufgrund des weniger fruchtbaren Bodens im Raum Reichenberg neben der Weidewirtschaft die Textilherstellung.

Das Gebiet von Gablonz (Jablonec nad Nisou) wurde zu einem Teil vom Kloster Hradiště und zu einem anderen vom böhmischen Adel verwaltet. Nach 1300 entstanden so im südlichen Bergvorland erste Kirchbauten in Dörfern wie Reichenau (Rychnov u Jablonce nad Nisou), Držkov oder Zlatá Olešnice u Tanvaldu. Die Hussitenkriege im 15. Jahrhundert unterbrachen eine Besiedlung der höher gelegenen Gebiete des Gebirges.

Frühe Neuzeit / 16.–17. Jahrhundert

Im 16. Jahrhundert lassen sich sowohl im böhmischen als auch im schlesischen Teil vermehrt Spuren menschlichen Wirkens feststellen, die zu einem großen Teil auf den Zinnbergbau, vor allem unter der Regentschaft von Melchior von Redern, aber auch auf die wirtschaftliche Nutzung der Wälder zurückzuführen sind. Damit hielt auch die Flößerei Einzug ins Gebirge. Beide Wirtschaftszweige führten zu einer Verdichtung der Bevölkerung. Außerdem zog die Suche nach Edelsteinen an, so dass der Ort Klein Iser (Jizerka) als Edelsteingräbersiedlung Zulauf erhielt. Aufgrund der Funde gab es Auseinandersetzungen über den Grenzverlauf zwischen den Herrschaften von Friedland und Navarov (Burg Návarov).

Zum einem großen Wirtschaftszweig entwickelte sich ebenso ab dem 16. Jahrhundert die Glasherstellung, durch welche die Bevölkerung des Gebietes weiter anstieg. Damit verbunden ging eine Abholzung des Gebirges einher. Die ersten Glashütten lagen im Wald bei Grünwald (Mšeno nad Nisou; 1548), Labau (Huť, s. Pěnčín u Jablonce nad Nisou; 1558), Reiditz (Rejdice, s. Kořenov; 1577) und Friedrichswald (Bedřichov u Jablonce nad Nisou; 1598).

Zu Beginn des 17. Jahrhunderts ist mit dem Gebirge unweigerlich der Name Wallenstein verbunden. Nach ihm wurde das Gebiet zwischen den Generälen Matthias Gallas und Nikolaus von Desfours aufgeteilt, deren Familien bis in das 20. Jahrhundert große Ländereien besaßen. Im Laufe deren Herrschaft erweiterte sich die Glasproduktion, was die Aufforstung der Monokultur Fichte nach sich zog. Viele ehemaliger Holzfäller und Weber fanden ebenso neue Arbeitsmöglichkeiten in der Glasherstellung.

Ebenso fanden nach der Schlacht am Weißen Berg in den ersten Jahrzehnten des 17. Jahrhunderts viele böhmische Exulanten ein neues Zuhause im schlesischen und lausitzer Teil des Gebirges. Unter anderem wurden von ihnen die Orte Groß Iser (poln. *Izera*) und Schwarzbach (poln. *Czerniawa-Zdrój*) gegründet, die heute Teil der Gemeinde Bad Flinsberg (poln. Świeradów-Zdrój) sind.

18.–20. Jahrhundert

Auch wenn in den vorangegangen Jahrhunderten ein wirtschaftlicher Aufstieg zu verzeichnen ist, so doch auf Kosten der Bevölkerung. Es blieb nicht aus, dass am Ende des 18. Jahrhunderts die entstandenen Spannungen sich im Raum Friedland (Frýdlant v Čechách) durch Bauernaufstände entluden. Dennoch entwickelte sich im 19. und 20. Jahrhundert besonders das Gebirgsvorland zu einem äußerst stark industrialisierten Gebiet. Viele Fabriken zeugen heute noch von dieser Zeit. Zu ihnen wurden Kanäle errichtet, welche das Wasser zum Antrieb von Textilmaschinen leiteten.

In der Region von Gablonz (Jablonec nad Nisou) nahm die Produktion von Glas ein bemerkenswertes industrielles Ausmaß an. Einerseits entstanden etliche Hütten, andererseits ist vor allem in Kleinskal (Malá Skála) und in Morchenstern (Smržovka) das Aufkommen der Herstellung von Bijouteriewaren zu beobachten. Ebenso entstanden Glashütten auf dem schlesischen Gebiet, beispielsweise in Karlsbad (poln. *Orle*) oder in Schreiberhau (poln. Szklarska Poręba).

Die mit der Entwicklung des im 19. Jahrhundert beginnenden Fremdenverkehrs errichtenen Berghütten und Aussichtstürme waren zunächst Ziele reicher Bevölkerungsschichten, doch organisierten im Laufe der Zeit immer mehr Arbeitervereine Ausfahrten ins Gebirge.

Ab 1900 kam es in Böhmen zu Konflikten zwischen nationalistisch gesinnten Deutschen und Tschechen, die besonders nach dem Ersten Weltkrieg erstarkten. Ausdruck dessen war die Ausrufung der Provinz Deutschböhmen am 29. Oktober 1918 als Antwort auf die an einem Tag eher stattgefundenen Gründung der Tschechoslowakei. Ebenso zählen dazu die Repressalien gegenüber der tschechischen Bevölkerung, so dass diese das Gebiet im Jahre 1938 verließ.

Nach dem Zweiten Weltkrieg wurde infolge der Beneš-Dekrete der größte Teil der Deutschen aus Böhmen ausgesiedelt. Dadurch blieben viele Ortschaften unbewohnt und etliche Produktionsstätten kamen zum Erliegen. Das Ende der von über vielen Jahrhunderten lang gewachsenen Traditionen des Isergebirges war damit besiegelt. Erst zum Ausgang der 1960er Jahre begann eine Wiederbelebung der Dörfer, als sowohl Gebirgsvorländer als auch Prager sich die traditionellen Häuser zu Wochenendhäusern ausbauten und so zum Erhalt der architektonischen Grundsubstanz beitrugen.

Ebenso markierte das Jahr 1945 für das schlesische Gebiet einen markanten Einschnitt. Dieser Teil unterstand ab sofort der polnischen Verwaltung. Die deutsche Bevölkerung wurde ausgesiedelt. Zudem erwies sich in den folgenden Jahrzehnten der Aufbau eines lebendigen Fremdenverkehrs als schwierig, da Grenzüberschreitungen auf Wanderwegen untersagt waren. Viele Hütten und Gasthäuser verfielen, so dass sich nur noch die Landwirtschaft etablieren konnte.

Die in den 1980er Jahren einsetzende ökologische Katastrophe hielt die Menschen nicht ab, besonders in Böhmen die Möglichkeiten des Wintersports zu nutzen. Außerdem öffneten nach dem Zusammenbruch des kommunistischem Regimes Berghütten, Gasthöfe und weitere Einrichtungen nicht nur Betriebsangehörigen, sondern allen Touristen ihre Türen. Ein wichtiger Wirtschaftszweig der tschechischen Republik konnte sich etablieren und dem Gebirge einen entsprechenden Charakter geben. Dies wurde durch die Öffnung der tschechisch-polnischen Grenze unterstützt. Gerade die internationale Zusammenarbeit im Bereich des Tourismus zeigt bereits gute Früchte.

Tourismus

Touristisch ist das Isergebirge vor allem für den Wintersport sowie zum Wandern und Radfahren erschlossen. Zentren für Abfahrtsläufer befinden sich am Tanvaldský Špičák {Tannwalder Spitzberg) in Albrechtice (Albrechtsdorf) und in Bedřichov (Friedrichswald).

Für Langläufer ist der seit 1968 alljährlich im Januar stattfindende Isergebirgslauf auf der *Iser-Magistrale* über 50 km ein Begriff. Er wird seit 1971 als *Memorial Expedition Peru 70* zur Erinnerung an die 1970 am Huascarán in den peruanischen Anden verunglückte tschechische Bergsteigerexpedition ausgerichtet. Mitorganisiert wurde er anfänglich von Gustav Ginzel.

Sowohl im Glas-und Bijouteriemuseum in Jablonec nad Nisou (Gablonz) als auch in der ehemaligen Liščí bouda (Fuchsbaude) in Kristiánov (Christiansthal), dem "Gläsernen Herz der Berge", sind viele Informationen über die Glasherstellung im Gebirge zu erhalten. In Kristiánov (Christiansthal) befindet sich unweit des Museums ein eindrucksvoller Friedhof vieler Glaserfamilien. Weiterhin bedeutsam für die Geschichte der Glasherstellung und Touristenmagnet ist das Jagdschloss Nová Louka (Neuwiese).

Im schlesischen Teil des Gebirges sind vor allem die Heilquellen in Świeradów-Zdrój (Bad Flinsberg) Ziel der Gäste. Außerdem sind in den Sommermonaten Wanderungen auf den *Sępia Góra* (Großer Geierstein) bzw. auf den Smrk (Tafelfichte) beliebt, im Winter nehmen einige Skilifte den Betrieb auf.

Die Bergbaude *Chatka Górzystów* auf der Großen Iserwiese (pl. *Hala Izerska*)

Typische Isergebirgshäuser in Jizerka (*Klein Iser*)

Blick vom Paličník nach Bílý Potok (Weissbach)

Die Stolpigstraße

Polední kameny (Mittagsteine)

Die Bergbaude "Stóg Izerski"
(*Heufuderbaude*)

Körnerdenkmal auf dem
Smrk (Tafelfichte)

Bedeutende Berge

Felsen am Gipfel des Jizera

- Wysoka Kopa (Grüne Koppe oder Hinterberg), 1127 m; höchster Berg des Isergebirges
- Smrk (Tafelfichte), 1124 m; höchster Berg im böhmischen Isergebirge
- Jizera (Siechhübel), 1122 m
- Stóg Izerski (Heufuder), 1107 m
- Smědavská hora (Wittigberg), 1084 m
- Holubnik (Taubenhaus), 1070 m
- Bukovec (Buchberg), 1005 m; eine der höchstgelegenen Basaltkuppen Europas
- Hvězda (Stern), 959 m
- Černá Studnice (Schwarzer Berg), 869 m
- Tanvaldský Špičák (Tannwalder Spitzberg), 831 m; bekanntes Skigebiet bei Tanvald
- Oldřichovský Špičák (Spitzberg), 724 m
- Nußstein (Orešnik) bei Haindorf (Hejnice)
- Schöne Marie (Krásná Maři) bei Haindorf (Hejnice)

Bedeutende Moore

- Velká jizerká louka im Naturschutzgebiet Rašeliniště Jizery
- Na Čihadle
- Černá jezírka
- Rybí loučky
- Malá jizerská louka
- Klečové louky
- Vlčí louka

Siehe auch:

- Liste der Naturschutzgebiete im Liberecký kraj

Persönlichkeiten

- Melchior von Redern (1555–1600), kaiserlicher Heerführer in den Türkenkriegen, Gründer der Stadt Nové Město pod Smrkem.
- Wallenstein (1583–1634), Herr von Friedland.
- Christian Christoph Clam-Gallas (1771–1833), Besitzer der Herrschaften Reichenberg, Friedland, Grafenstein und Lämberg, Förderer von Kunst und Wissenschaften
- Wenzel Führich (1768–1836), Handwerker und Maler aus Kratzau
- Joseph von Führich (1800–1876), Historienmaler aus Kratzau, Sohn von Wenzel Führich
- Dominik Bimann (1800–1858), Glasschneider und Graveur
- Franz Liebieg (1799–1878), seit 1833 Freiherr von Liebieg, Mitbegründer der Liebieg-Werke in Reichenberg
- Johann Liebieg (1802–1870), seit 1833 Freiherr von Liebieg, Mitbegründer der Liebieg-Werke in Reichenberg, Bruder von Franz Liebig
- Franz Clam-Gallas (* 1854), Besitzer der Herrschaften Reichenberg, Friedland, Grafenstein und Lämberg, Enkel von Christian Christoph Clam-Gallas
- Gustav Leutelt (1860–1947), Dichter und Schriftsteller
- Daniel Swarovski (1862–1956), Glasschleifer und Gründer des Unternehmens Swarovski
- Ferdinand Porsche (1875–1951), Autokonstrukteur und Gründer der Firma Porsche in Stuttgart
- Fidelio F. Finke (1891–1968), Komponist
- Otfried Preußler (* 1923), Kinderbuchautor
- Claus Josef Riedel (1925–2004), Unternehmer und Glasdesigner
- Gustav Ginzel (1932–2008), Besitzer des Misthauses (*Hnojový dům*), Weltenbummler, Geologe, Buchautor

Literatur

- Walther Dressler: *Die Schlesischen Gebirge* Band 1, Riesen- und Isergebirge, Bober-Katzbach-Gebirge, Landeshuter Bergland, Storm Reiseführer; Berlin 1931
- Lillian Schacherl: *Das Isergebirge.* S. 231 bis 248 in: *Böhmen - Kulturbild einer Landschaft.* Prestel-Verlag München 1966
- Bernhard Pollmann: *Riesengebirge mit Isergebirge*, Rother Wanderführer; München 1996, ISBN 3-7633-4222-2
- Marek Řeháček: *Das Isergebirge. Wanderführer durch das Gebirge und seine Umgebung.* Hrsg. der ersten Ausgabe: Kalendář Liberecka, 2003.
- Karlheinz Blaschke: *Geschichte Sachsens im Mittelalter*, Verlag C.H.Beck München und Union Verlag Berlin, 1990.
- Pavel Akrman (Hrsg.): *Jizerské hory včera a dnes - Das Isergebirge gestern und heute*, 2.Ausgabe, T.A.V.A. books, Liberec, 2005.
- Erich Huyer: *Isergebirgsland*, Augsburg, 1979 ISBN 7100112133.
- Gerhart Stütz, Karl Zenkner: *Gablonz an der Neiße: Stadt, Bezirk und Landkreis in Nordböhmen (Sudetenland)*, Schwäbisch Gmünd, 1982.

Weblinks

- www.sudety.wroclaw.pl/index/gory/regiony/ID,16 Isergebirge: Informationen, Beschreibung und Bilder (polnisch) [2]
- Jizerskehory.cz [3] (tschechisch)
- Fotos aus dem Isergebirge [4]
- Iser-Magistrale für Wanderungen [5]
- Isergebirgs-Museum [6]
- Historischer Reiseführer über das Isergebirge [7]

References

[1] http://toolserver.org/~geohack/geohack.php?pagename=Isergebirge&language=de¶ms=50.8333333333_N_15. 25_E_dim:20000_region:CZ-LI/PL-DS_type:mountain(1127)

[2] http://www.sudety.wroclaw.pl/index/gory/regiony/ID,16

[3] http://www.jizerskehory.cz/

[4] http://fotoprazak.net/2-vyber_lokalit_krajin/lokality_krajin/jizerske_hory/Jizerske_hory.htm

[5] http://www.jizerskamagistrala.cz/de/Die

[6] http://www.isergebirgs-museum.de/

[7] http://www.isergebirge.at/

Freiberg

Basisdaten

- **Koordinaten:** 50° 55′ N, 13° 21′ O [1]
- **Bundesland:** Sachsen
- **Direktionsbezirk:** Chemnitz
- **Landkreis:** Mittelsachsen
- **Höhe:** 400 Meter über dem Meeresspiegel
- **Fläche:** 48.05 km²
- **Postleitzahl:** 09599
- **Webpräsenz:** www.freiberg.de [2]
- **Oberbürgermeister:** Bernd-Erwin Schramm (parteilos)

Freiberg ist eine Universitätsstadt, Große Kreisstadt und Bergstadt etwa in der Mitte des Bundeslandes Sachsen zwischen Dresden und Chemnitz. Sie ist Verwaltungssitz des am 1. August 2008 gebildeten Landkreises Mittelsachsen. Der gesamte historische Stadtkern steht unter Denkmalschutz und ist eine ausgewählte Stätte für die vorgesehene Kandidatur zum UNESCO-Welterbe Montanregion Erzgebirge. Bis 1969 war die Stadt rund 800 Jahre vom Bergbau und der Hüttenindustrie geprägt. In den letzten Jahrzehnten findet ein Strukturwandel zum Hochtechnologiestandort im Bereich der Halbleiterfertigung und der Solartechnik statt, womit Freiberg zum Silicon Saxony gehört.

Geografie

Geografische Lage

Die Stadt liegt an der nördlichen Abdachung des Erzgebirges mit dem Großteil des Stadtgebietes westlich der *Östlichen* oder der *Freiberger Mulde*. Die Stadt ist zum Teil eingebettet in die Täler des Münzbaches und des Goldbaches und liegt mit dem Zentrum auf etwa 412 m ü. NHN (Bahnhof). Tiefster Punkt ist der Münzbach an der Stadtgrenze mit 340 m ü. NHN, der höchste Punkt befindet sich bei 491 m ü. NHN auf einer ehemaligen Bergbauhalde. Freiberg liegt innerhalb einer alten, durch den Bergbau genutzten und von ihm geprägten Rodungslandschaft und ist im Norden, Südosten und Südwesten von Wäldern, in den übrigen Richtungen von Feldern und Wiesen umgeben. Zu Beginn des 21. Jahrhunderts ist mit den Städten Nossen, Roßwein, Großschirma, den Städten Freiberg und Brand-Erbisdorf eine Zone der Verstädterung tendenziell im Entstehen. Diese umfasst derzeit etwa 75.000 Einwohner. Freiberg befindet sich ca. 31 km westsüdwestlich von Dresden, ca. 31 km ostnordöstlich von Chemnitz, ca. 82 km südöstlich von Leipzig sowie ca. 179 km südlich von Berlin und ca. 120 km nordwestlich von Prag.

Freiberg liegt an einer Grenze von zwei Formen des sächsischen Dialektes: östlich das *Südostmeißnische* und westlich das *Südmeißnische*, die beide den fünf Meißenischen Dialekten zuzurechnen sind, sowie knapp nördlich des Dialektgebietes des *Osterzgebirgischen*.

Ausdehnung des Stadtgebiets

Die Keimzelle der Stadt, das ehemalige Waldhufendorf Christiansdorf, liegt im Tal des Münzbaches. An seinen beiden Hängen und auf dem westlich davon gelegenen Höhenrücken entstand der ummauerte Stadtkern. Dies hatte unter anderem zur Folge, dass die östlich der alten Hauptstraßenachse (heute *Erbische Straße* und *Burgstraße* vom ehemaligen *Erbischen Tor* am *Postplatz* zum *Schloss Freudenstein*) abgehenden Straßen, die zum Teil bis auf den Gegenhang des Münzbachtals führen, steil sind. Der östlich der Hauptstraßenachse gelegene Teil wird als *Unterstadt* mit dem dazugehörenden *Untermarkt* bezeichnet. Das westliche Gebiet ist die *Oberstadt* mit

Obermarkt mit Rathaus

dem *Obermarkt*. Der Stadtkern wird von den entlang der alten Stadtmauer verlaufenden *Ringanlagen* umschlossen. Im Westen verbreitern sich diese Anlagen, in die die *Kreuzteiche* eingebettet sind, parkartig. Unmittelbar nördlich des Stadtkerns befinden sich neben dem Schloss Freudenstein Stadtmauerreste mit mehreren *Mauertürmen* und dem vorgelagerten*Schlüsselteich*. Die Mauerreste setzen sich in östlicher Richtung mit Durchbrüchen bis zum *Donatsturm* fort. In diesem Bereich dominiert der historische Wallgraben. Die Südgrenze des Altstadtkerns wird zum Teil durch Bauten aus der Gründerzeit geprägt. Die Bundesstraße 101 flankiert als *Wallstraße* den Westen, die Bundesstraße 173 als *Schillerstraße* und *Hornstraße* den Süden der Altstadt.

Freibergs Norden wird durch den Campus der *TU Bergakademie Freiberg* geprägt. Die Hauptteile des Campus beiderseits der *Leipziger Straße* (als B 101 wichtigste Verkehrsverbindung in diesem Gebiet) entstanden in den 1950er und 1960er Jahren. Weiterhin befinden sich dort die Stadtteile *Loßnitz*, *Lößnitz* und *Kleinwaltersdorf*, das nicht unmittelbar an die städtischen Bebauungsgrenzen reicht. Zwischen Kleinwaltersdorf und Lößnitz liegt der *Nonnenwald* und östlich der Leipziger Straße ein Gewerbegebiet.

Der *Osten* Freibergs umfasst den rechten, östlichen Hang des Münzbachtales, das Tal der Freiberger Mulde und Teile der östlich davon gelegenen Hochfläche. Da dort über Jahrhunderte intensiver Bergbau betrieben wurde, ist dieses Gebiet vor allem durch die Tagesanlagen der Gruben, deren Halden und Industrieanlagen verschiedener Perioden gekennzeichnet. Große Teile der Bergbauhalden wurden ab den 1960er Jahren begrünt und sind heute bewaldet. Der Stadtteil *Halsbach* an der B 173 ist eine alte Streusiedlung am Osthang der Mulde, in der vor allem Bergleute mit ihren Familien wohnten. Zwischen den 1960er und 1990er Jahren standen in Halsbrücke und Muldenhütten insgesamt sechs zwischen 120 und 200 m hohe Schornsteine, die weithin die Freiberger Stadtsilhouette prägten. In Richtung Osten verläuft die *Sachsen-Franken-Magistrale* zunächst in einem tiefen Einschnitt, dann in einem nach Norden offenen Bogen aus der Stadt, um nach Passieren des Muldenhüttener Eisenbahnviadukts die Richtung nach Dresden einzuschlagen. Nach Südosten führt eine Landstraße in Richtung Osterzgebirge und Tschechien aus der Stadt. Die geschlossene Wohnbebauung im östlichen Stadtgebiet stammt im Wesentlichen aus der zweiten Hälfte des 19. und der ersten Hälfte des 20. Jahrhunderts. Nördlich der *Dresdner Straße* befindet sich zwischen dem *Donatsturm* und dem ehemaligen Bahnhof Freiberg (Ost) der mehrere hundert Jahre alte *Donatsfriedhof.* Weitere Friedhöfe befinden sich nördlich davon.

Freibergs *Süden* ist in erster Linie von der in Ost-West-Richtung verlaufenden Eisenbahntrasse, die auf hohen Dämmen die nordwärts verlaufenden Täler von Münz- und Goldbach quert, bestimmt. Diese Eisenbahnstrecke mit ihrem ehemals sehr bedeutenden Güterbahnhof schneidet im Süden die steiler werdenden, ins Erzgebirge führenden Hänge an. Zwischen Bahnhof und Altstadt befanden sich übertägigen Anlagen alter Erzgruben. Seit dem letzten Drittel des 19. Jahrhunderts nimmt dieses Terrain die Bahnhofsvorstadt ein. Um den Bahnhof gibt es alte Industrieflächen und am Wernerplatz befindet sich der Busbahnhof. In ihrem westlichen Teil ist die Wohnqualität der

Stollnhaus in Zug

Bahnhofsvorstadt höher als im Osten, wo sich der alte Jüdenberg (jüdische Vorstadt) und mehrere Vorwerke befanden. Südwestlich des Stadtkerns schließt sich südlich der Chemnitzer Straße (B 173) *Freibergsdorf* an. Südlich der Bahntrasse befindet sich ein in den 1930er Jahren angelegtes Siedlungsgebiet. Zwischen diesem, der Bahntrasse und dem Stadtteil *Zug* wurden zwischen den 1960er und 1980er Jahren die Wohngebiete *Seilerberg* und *Wasserberg* angelegt, die kreissegmentförmig den Ring bis fast zur *Chemnitzer Straße* im Westen schließen. Durch diese Wohngebiete verläuft auch eine Straßentangente von West nach Ost, die die Innenstadt vom Fernverkehr entlasten kann. Zug ist heute ein von kleineren Bergwerkshalden geprägtes Siedlungsgebiet mit vielen Einfamilienhäusern. An der B 101, der Annaberger Straße, befinden sich Einkaufszentren und Gewerbegebiete. Fast unmerklich geht das Gebiet von Zug in das Stadtgebiet von Brand-Erbisdorf über. Der Stadtteil *Langenrinne* im Südosten im Tal des Münzbachs war ehemals landwirtschaftlich geprägt und ist heute Wohngebiet in aufgelockerter Bauweise. Zwischen Langenrinne und dem Seilerberg hat die Solarindustrie einen Standort gefunden.

Der *Westen* ist die bevorzugte Wohngegend mit dem *Stadtpark*, einem *Freizeitzentrum* und einem der beiden deutschen Tempel der Kirche Jesu Christi der Heiligen der Letzten Tage, umgangssprachlich Mormonen genannt. Er wurde von 1983 bis 1985 gebaut und am 29. Juni 1985 geweiht. Am Ende des 19. Jahrhunderts entstanden dort größere Villen und während der DDR-Zeit wurden dort Einfamilienhäuser errichtet. Der Stadtteil *Friedeburg* ist eine Mischung von Villenkolonien, Wohnbauten aus den 1980er und 1990er Jahren und neuerer aufgelockerter Bebauung. Dort führt die Landstraße in Richtung Hainichen und Mittweida aus der Stadt. Im Südwesten wird die Stadt vom *Hospitalwald*, in dem sich ein Freibad und ein Campingplatz befinden, begrenzt. Durch diesen Wald verläuft die Eisenbahntrasse in Richtung Westen.

Panoramabild von Freiberg mit Blickrichtung von Südwest bis Nord

Umland

Im Freiberger Umland sind sowohl Industriestandorte als auch Landwirtschaft und Naherholungsgebiete vorhanden. An den Standorten Muldenhütten und Halsbrücke sind Unternehmen der Hütten- und Metallverarbeitenden Industrie und in Weißenborn und Großschirma Papierverarbeitende Unternehmen ansässig. Nordöstlich der Stadt liegt das Naherholungsgebiet Tharandter Wald

Schlackenhalde "Hohe Esse", davor die Feinhütte Halsbrücke

Die Stadt Großschirma liegt nördlich von Freiberg an der Bundesstraße 101. Nordöstlich schließt die Gemeinde Halsbrücke an das Freiberger Stadtgebiete an. Weiter befindest sich im Osten die Gemeinde Hilbersdorf mit dem Industriestandort Muldenhütten. Die sich im Südosten befindliche Gemeine Weißenborn gehört zur Verwaltungsgemeinschaft Lichtenberg/Erzgebirge. An der südlich aus Freiberg herausführenden Bundesstraße 101 liegt die Große Kreisstadt Brand-Erbisdorf und im Osten befindet sich die Gemeine Oberschöna.

Stadtteile und Wohnplätze (Stadtgliederung)

- Bahnhofsvorstadt
- Donatsviertel
- Fernesiechen
- Freibergsdorf
- Friedeburg
- Halsbach
- Himmelfahrter Revier
- Hinter dem Bahnhof
- Hospitalviertel
- Hüttenviertel
- Kleinwaltersdorf
- Langenrinne
- Lößnitz
- Loßnitz
- Neufriedeburg
- Oberstadt
- Scheunenviertel
- Seilerberg
- Silberhofviertel
- Steinberg
- Unterstadt
- Wasserberg
- Zug

Geschichte

→ *Hauptartikel: Geschichte der Stadt Freiberg*

Die Stadt, deren Geschichte eng mit dem Bergbau verbunden ist, entstand ab etwa um 1162/70. Im hohen Mittelalter war Freiberg die größte Stadt in der Mark Meißen und wichtiger Handelsstandort. Ihr Silberreichtum und die bedeutsame Münzstätte machten das Kurfürstentum Sachsen zu einem wohlhabenden Staatswesen. 1913 wurde der Silberbergbau eingestellt. Nach dem Zweiten Weltkrieg bis 1969 gab es wieder verstärkt Bergbauaktivitäten zur Blei-, Zink- und Zinngewinnung. 1765 wurde die Bergakademie gegründet, eine der weltweit ältesten bergbautechnischen Hochschulen.

Gedenkstätten

- Gedenkstein auf dem Sowjetischen Ehrenfriedhof an der *Himmelfahrtsgasse* (vorher auf dem Donatsfriedhof) für die Opfer des Faschismus in den von Deutschland während des Zweiten Weltkrieges besetzten Ländern, für elf unbekannte KZ-Häftlinge aus einem Außenlager des KZ Buchenwald, die im April 1945 von SS-Männern ermordet wurden, sowie für den ersten Nachkriegsbürgermeister Karl Günzel, einem ehemaligen Buchenwaldhäftling

Gedenktafel für W. Hartenstein

- Gedenkstätte am Platz der Oktoberopfer, wo am 27. Oktober 1923 bei einer Demonstration 27 Demonstranten von Einheiten der Reichswehr getötet und 25 verletzt wurden.[3]
- Gedenktafel am *Sächsischen Porzellanwerk GmbH*, wo im Frühjahr 1933 von den NS-Behörden politische Gegner des Regimes interniert und gefoltert wurden. Die Tafel wurde nach 1990 entfernt
- Gedenktafel am *Landratsamt* an der Frauensteiner Straße zur Erinnerung an die 1000 jüdischen Frauenhäftlinge eines Außenlagers des KZ Flossenbürg und polnischen Zwangsarbeiterinnen, die während des Zweiten Weltkrieges nach Deutschland verschleppt und Opfer von Zwangsarbeit wurden
- Gedenktafel an gleicher Stelle für den jüdischen Direktor der *Porzellanfabrik* Dr. Werner Hofmann, der seiner Verfolgung 1939 durch den Freitod entging

Gedenkstätte für die Oktoberopfer

- Gedenktafel für Dr. Werner Hartenstein (1879–1947), der Oberbürgermeister der Stadt von 1924 bis 1945 war und bei Kriegsende 1945 die Stadt vor unnötigen Verlusten bewahrte. Im Juni 1945 vom NKWD verhaftet, verstarb Hartenstein am 11. Februar 1947 im Speziallager Jamlitz.[4] [5]

Eingemeindungen

Als erste wurden am 1. Januar 1907 die Vorstädte *Freibergsdorf* und am 1. April 1908 das ehemals bereits zur Stadtflur gehörende *Friedeburg* eingemeindet.[6] Nach dem Zweiten Weltkrieg folgten 1957 das Waldhufendorf *Loßnitz* und die Streusiedlung *Lößnitz*. Das östlich der Freiberger Mulde liegende *Halsbach* wurde 1979 dem Freiberger Stadtgebiet zugeschlagen. Den vorläufigen Abschluss fanden die Eingemeindungen mit *Zug*, am 1. Februar 1994 und *Kleinwaltersdorf*, am 1. März 1994.

Einwohnerentwicklung

Im Januar 2010 hatte die Stadt 40.528 Einwohner.[7]

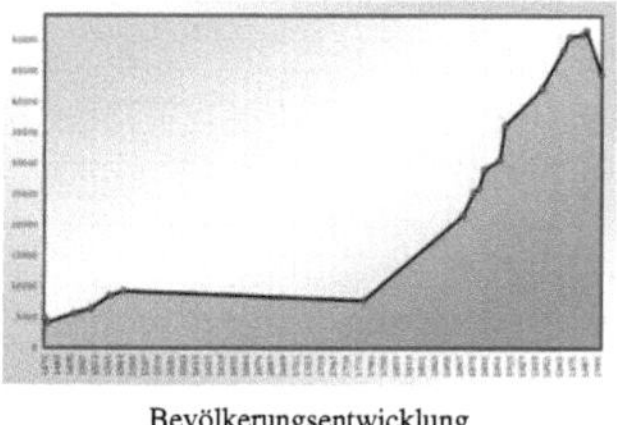
Bevölkerungsentwicklung

Jahr	Einwohnerzahl	Jahr	Einwohnerzahl	Jahr	Einwohnerzahl
vor 1471	4.845	1870	etwa 21.600	1966	etwa 48.400
1474	4.112	1880	etwa 25.300	1972	50.549
1499	5.603	1885	etwa 26.000	1984	50.964
1515	6.380	1890	etwa 29.000	1988	etwa 51.600
1533	8.480	1905	etwa 30.600	2002	etwa 44.533
1546	9.228	1910	etwa 36.200	2003	44.105
1776	etwa 7.800	1946	42.278	2004	43.683

Quelle: unter anderem Stadt- und Bergbaumuseum Freiberg, Schriftenreihe 6, 1986

Politik

Stadtrat

Ergebnis der Stadtratswahl vom 7. Juni 2009:

Stadtlogo

Partei	Stimmenanteil	Sitze
CDU	27,6 %	10
Die Linke	18,7 %	7
SPD	11,3 %	4
AUW	10,5 %	4
Haus/Grund	9,5 %	3
FDP	8,0 %	3
IFS	4,8 %	1
NPD	4,2 %	1
Grüne	3,5 %	1
DPWV	1,7 %	0

Die Wahlbeteiligung betrug 56,5 %.

Eine Fraktion muss ab dieser Legislaturperiode aus mindestens drei Stadträten bestehen. CDU, Linke, SPD und FDP bilden eigene Fraktionen. Die Stadträte von B90/ Grüne und IFS schließen sich der AUW-Fraktion an.

Bürgermeister

Oberbürgermeister ist seit 1. August 2008 der parteilose Bernd-Erwin Schramm. Er löste nach einer Amtszeit Uta Rensch (SPD) ab, die bei der Oberbürgermeisterwahl vom 8. Juni 2008 und dem zweiten Wahlgang vom 22. Juni 2008 deutlich gegen Schramm verlor. Ihr Vorgänger war Konrad Heinze (CDU). Dezernenten sind seit 1. April 2009 Holger Reuter (Beigeordneter für Stadtentwicklung und Bauwesen, CDU) und Sven Krüger (Beigeordneter für Verwaltung und Finanzen, SPD).

Wappen

Das Wappen der Stadt Freiberg zeigt in Blau eine von Zinnen gekrönte, in der Mitte erhöhte silberne Bossenmauer mit offenem Tor und hochgezogenem Fallgatter, dahinter drei silberne Rundtürme mit roten Dächern und goldenen Fähnchen auf goldenen Knäufen, der Mittelturm höher und stärker, das Tor belegt mit einem *goldenen* Schild, darin ein *schwarzer* Löwe. Es ist erstmals 1227 als Siegel belegt und damit das älteste Stadtsiegel der Mark Meißen. Die Stadtfarben sind *gelb* und *schwarz*.

Wappendarstellung der Stadt Freiberg aus dem Jahr 1752 über dem Westportal der Nikolaikirche

Wappendarstellung der Stadt Freiberg von 1510 über dem Eingangsportal des Rathauses

Wappendarstellung der Stadt Freiberg an einem Erker des Rathauses. An der Oberseite der angebliche Kopf des Kunz von Kaufungen als Gaffkopf

Städtepartnerschaften

Freiberg unterhält Städtepartnerschaften in Deutschland mit ▧ Amberg in Bayern, ▬ Clausthal-Zellerfeld in Niedersachsen und ▬ Darmstadt in Hessen. Außerhalb Deutschlands werden Partnerschaften mit ▬ Delft in den Niederlanden, ▮▮ Gentilly in Frankreich, ▬ Nes Ziona in Israel, ◣ Příbram (*Pribrans* oder *Freiberg in Böhmen*) in Tschechien und ▬ Wałbrzych *(Waldenburg)* in Polen gepflegt.

Kultur und Sehenswürdigkeiten

Freiberg verfügt über 1250 technische, kunstgeschichtliche und kulturelle Denkmäler verschiedener Art und Größe. Die historische Altstadt, umgeben von Resten der Stadtmauer, besteht aus einem unzerstörten Stadtkern mit unverändertem Grundriss aus dem 12./13. Jahrhundert. Ergänzt wird die Vielfalt durch zahlreiche geowissenschaftliche Sammlungen.

Theater

Das Theater wurde 1790 gegründet und gilt als ältestes in ursprünglicher Form erhaltenes und kontinuierlich von einem städtischen Theaterensemble bespieltes Stadttheater der Welt. 1800 wurde dort die erste Oper *(Das stumme Waldmädchen)* des damals vierzehnjährigen Carl Maria von Weber uraufgeführt. In den 1900er Jahren hatte Harry Liedtke hier eines seiner ersten Engagements. Später spielte Inge Keller auf dieser Bühne. Seit 1993 wird das Haus zusammen mit dem Stadttheater Döbeln als Mittelsächsisches Theater Freiberg und Döbeln geführt.

Stadttheater

Museen

- Stadt- und Bergbaumuseum
- Naturkundemuseum (bis auf weiteres nicht zugänglich)
- Universitätsmuseum der Bergakademie Freiberg
- Geowissenschaftliche Sammlungen der Bergakademie Freiberg
- Technische Sammlungen der Bergakademie Freiberg mit Historischem Kabinett und Winkler-Gedenkstätte
- Mineralogische Sammlung *terra mineralia* im Schloss Freudenstein

Tagesanlagen der *Alten Elisabeth-Fundgrube*

- Lehr- und Besucherbergwerk Himmelfahrt Fundgrube (einziges Lehrbergwerk der Welt) mit
  - Abrahamschacht
  - Davidschacht
  - Turmhofschacht
  - Alte Elisabeth
  - Reiche Zeche
- Bergbautechnische Denkmäler
- Drei-Brüder-Schacht (in Zug)

Bauwerke

Dom St. Marien

Zu den bedeutendsten baulichen Sehenswürdigkeiten Freibergs zählt der Dom St. Marien, häufig als *Freiberger Dom* oder *Dom zu Freiberg* bezeichnet, eine spätgotische Hallenkirche 1484 bis 1501 am Untermarkt errichtet. An der Südseite des Domes befindet sich die markante Goldene Pforte. An den Dom schließt sich die 1594 durch *Maria Nossini*[8] im italienischen Renaissancestil ausgebaute, 1885 restaurierte *Kurfürstliche Begräbniskapelle* an. Hier ruhen alle protestantischen Fürsten der Albertinischen Linie von Heinrich dem Frommen († 1541) bis zu Johann Georg IV. († 1694). Besonders sehenswert ist das marmorne lebensgroße Standbild des Kurfürsten

Untermarkt mit Dom und Museum

Moritz († 1553). Im Inneren des Doms verdienen die Triumphkreuzgruppe, die freistehende steinerne Tulpenkanzel und die große Silbermann-Orgel Beachtung.

Stadtkirche St. Petri

Bemerkenswert ist ebenfalls die auf dem höchsten Punkt der Innenstadt am Petriplatz unweit des Obermarktes gelegene *Stadtkirche St. Petri*.

Blick vom Obermarkt zur Kirche St. Petri, links ist der Hahnenturm, rechts der höhere der beiden Westtürme zu sehen

Weitere Kirchen

- Die Jakobikirche, gelegentlich auch *Jacobikirche* geschrieben, ist ebenfalls mit einer Orgel Gottfried Silbermanns ausgestattet. Sie befindet sich an der Stelle, an der einer der Verbindungswege des Netzes der Jakobswege, die Frankenstraße, die Stadt von Osten her erreichte. Die Kirche wurde um die Wende vom 19. zum 20. Jahrhundert erbaut, weil das Vorgängerbauwerk, der älteste Freiberger Kirchenbau, abgebrochen worden war.
- Die Nikolaikirche steht ebenfalls in der Innenstadt, wird aber nicht mehr als Gotteshaus genutzt.
- *Johanniskirche* im Stadtteil Freibergsdorf,

die alte, vor 1900 abgetragene Jakobikirche in der Unterstadt

- *Dorfkirche* im Ortsteil Kleinwaltersdorf
- *Kapelle* im Ortsteil Zug

Profane Bauwerke

- Das 1410 entstandene *Rathaus* am Obermarkt besitzt einen stattlichem *Uhrturm* und ein *Glockenspiel* aus Meißener Porzellan.
- Der 1545 erbaute *Ratskeller* (Obermarkt 16) steht neben dem höchsten Gebäude des Marktes mit markantem Steildach an der nordwestlichen Seite.
- Auf dem Obermarkt bezeichnet ein durch ein eingehauenes Kreuz kenntlich gemachter, bläulicher Stein der Überlieferung nach die Stelle, wo 1455 der sächsische Prinzenräuber Kunz von Kauffungen hingerichtet wurde.
- Das *Brunnendenkmal* trägt das Standbild des Stadtgründers sowie vier wasserspeiende meißnische Wappenlöwen.

Im Norden, Nordosten und Osten der Altstadt zwischen Schloss Freudenstein und Donatsturm (in der Nähe eines alten Stadttores) stehen zwei komplett erhaltene, jedoch nicht mehr miteinander verbundene Teile der Stadtmauer mit mehreren Türmen. Das vor dem im 19. Jahrhundert abgerissenen *Peterstor* auf dem Bebelplatz stehende Schwedendenkmal erinnert an die heldenmütige Verteidigung der Stadt gegen die belagernden schwedischen Truppen unter dem Kommando von Lennart Torstensson im Jahre 1643. Weitere bauliche Sehenswürdigkeiten sind der *Petriplatz*, das ehemalige *Freibergsdorfer Hammerwerk* und drei erhaltene *Kursächsische Postdistanzsäulen* von 1723 sowie drei *Stadtgrenzsäulen* von 1791.

Freibergsdorfer Hammer

Weite Flächen nordöstlich, östlich, südöstlich und südlich der Stadt sind durch die bergbauliche Nutzung geprägt. Dort, wie ebenfalls in den nördlich und südlich unmittelbar angrenzenden Nachbarstädten *Großschirma* und *Brand-Erbisdorf*, der Gemeinde *Halsbrücke* und im Hilbersdorfer Ortsteil *Muldenhütten* stehen dicht gedrängt eine große Anzahl technischer Anlagen, die unmittelbar mit dem 800-jährigem *Bergbau*, der *Aufbereitung*, dem *Transport*, der *Verhüttung* des Erzes sowie der Ablagerung des Abraumes in Zusammenhang stehen. Gegenwärtig werden diese Flächen hauptsächlich als Industrie- und Gewerbegebiete genutzt.

Silbermann-Orgel im Freiberger Dom

Tulpenkanzel im Freiberger Dom

Nikolaikirche

Brunnendenkmal und Petrikirche

Jakobikirche

Kirche St. Johannis

Schloss Freudenstein

Donatsturm

Blick auf die Petrikirche

Renaissance-Erker

Dom mit Domherrenhof von Nordosten, 1956

Domherrenhof – jetziges Stadt- und Bergbaumuseum, 1956

Donatsturm, 1956

stilisiertes Donatstor, 1956

Gerberhäuser in der Unterstadt, 1956 (abgebrochen)

Portal am Obermarkt, 1956

Parks

Der Stadtkern wird von dem anstelle der Stadtmauer angelegten *Grünanlagenring*, der die Altstadt, die aus Oberstadt und Unterstadt besteht, umschlossen. Im südwestlichen und westlichen Teil, dem Tal des Goldbaches beziehungsweise *Saubaches* liegt als Erweiterung der *Albertpark* mit den *Kreuzteichen*. Nördlich Teil des Ringes, der auch *Altstadtring* genannt wird, ist unter anderem der *Schlüsselteich*. Westlich des Albertparkes befindet sich der *Johannispark* mit mehreren Tiergehegen. Am südwestlichen Stadtrand befindet sich der *Hospitalwald*, nordwestlich der *Fürstenwald* oder *Fürstenbusch* mit dem *Nonnenwald* und südöstlich der Stadt an den Talhängen beiderseits der *Freiberger Mulde* der *Rosinenbusch*.

Naturdenkmäler

In Freibergsdorf befindet sich die Torstensson-Linde, an der der schwedische Feldherr Lennart Torstensson im Dreißigjährigen Krieg die Befehle zur Belagerung Freibergs gegeben haben soll. In größerer Entfernung liegen der *Freiberger Stadtwald* mit Großem Teich und Mittelteich, der *Zellwald* und der *Tharandter Wald*, sowie das *Striegistal*. Botanisch und technisch bemerkenswert ist darüber hinaus die so genannte *Grabentour*.

Torstensson-Linde

Vereine

Sportvereine

- Bergstädtischer Sportclub (BSC)

  (Fußball, 2009/10 Bezirksliga Chemnitz, 7. Liga). Der Verein hieß vor dem Zweiten Weltkrieg Sportfreunde Freiberg. In der DDR wechselten die Namen häufig, von BSG Einheit zu HSG Wissenschaft und dann bis 1967 zu BSG Turbine. Nachfolger SG Union Freiberg wurde 1981 in BSG Geologie umbenannt. Am 1. Juni 1990 erfolgte eine erneute Umbenennung in SV Bergstadt Freiberg. Im Februar 1995 folgte die Fusion mit dem Ortsrivalen PSV Freiberg zum BSC.
- HSG Freiberg

  Handballsportgemeinschaft (Handball, 2010/11 Mitteldeutsche Oberliga der Männer, 4. Liga) Der Verein hat eine über 80-jährige Handball-Tradition.
- TVL Freiberg

  Trainingsverein Leichtathletik, Leichtathletik
- RFV Freiberg

  Reit-und Fahrverein, Reiten
- SSV Freiberg

  Schwimmsportverein, Schwimmen
- SV Siltronic Freiberg

  Sportverein, Volleyball, Fußball, Aerobic, Tischtennis, Nordic Walking
- 1. VV Freiberg

  Volleyball-Verein, Volleyball (2009/10 Sachsenklasse West); ca. 300 Mitglieder
- Freiberger HTC

  Hockey-, Tennisverein
- Turnverein 1844 Freiberg
- Sächs'scher Maunt'nverein Freiberg e.V. SMF

  Bergsport, insbesondere Felsklettern

Vereine für Traditionspflege und Geschichte

- Historische Freiberger Berg- und Hüttenknappschaft e. V.

  Traditionsverein zur Pflege und Erhaltung berg- und hüttenmänischer Traditionen. Zur Arbeit des Vereins gehören unter anderem die international bekannte Berg- und Hüttenparade (Aufzüge neben vielen Regionen Deutschlands auch in Brasilien, zur Steubenparade in New York, in Norwegen, Polen, Slowakei, Frankreich, Tschechien), eine aktive Kinder- und Jugendarbeit, Erhaltung von Schauanlagen des Berg- und Hüttenwesens (Radstube in Oberschöna und Zylindergebläse in Muldenhütten) sowie die Publikation von Forschungsergebnissen.
- Freiberger Altertumsverein e. V.

Künstlerisch tätige Vereine und Organisationen

- Autorengemeinschaft WORT e. V. Freiberg
- Freiberger Kunstverein
- Freiberger Fotofreunde
- Freiberger Künstlervereinigung *Die Kaue*
- Form-Farbe-Geste e. V.
- Theater für Kinder e. V.
- Akademie zur Wahrung musikhistorisch angewandter Kunst e. V.
- Bergmusikkorps Saxonia Freiberg e. V.

Regelmäßige Veranstaltungen

Jährlich wird in Freiberg das *Bergstadtfest* mit dem Aufzug der historischen Berg- und Hüttenknappschaft, der so genannten Berg- und Hüttenparade, am letzten Juniwochenende abgehalten. Der Weihnachtsmarkt, der *Freiberger Christmarkt* genannt wird, findet zur Adventszeit statt. Dabei wird eine so genannte *Mettenschicht* mit dem Aufzug der Berg- und Hüttenknappschaft und dem Bergmusikkorps SAXONIA abgehalten. Dazu gehören traditionell die *Bergpredigt* in der Petrikirche und die bergmännische Aufwartung am Sonnabend vor dem zweiten Advent. Fest etabliert hat sich das Treffen der Töpfer an einem Wochenende in der zweiten Aprilhälfte auf dem Obermarkt. Ende Juli findet seit 1998 und seit 2005 jährlich das *Sun-Flower-Festival*, ein überregionales Musikfestival der Hippie-Szene, statt. Jährlich findet auf dem Drei-Brüder-Schacht im Stadtteil Zug ein *Dampfmodelltreffen* statt. In jedem Jahr wird der *Freiberger Kunstförderpreis* vergeben und die *Bergstadt-Königin* gewählt.

Kulinarische Spezialitäten

Zu den sächsischen Backspezialitäten gehört der so genannte *Freiberger Bauerhase*, ein spezielles Fastengebäck in früherer Zeit. Die *Freiberger Eierschecke* ist ein Gebäck, das in Freiberg und der nahen Umgebung im Vergleich mit der simplen oder auch *Dresdner Eierschecke* eine spezielle Abwandlung erfahren hat. Das *Freiberger* ist ein beliebtes Pilsener Bier.

Eine Freiberger Eierschecke.

Wirtschaft und Infrastruktur

Verkehr

Straße

Freiberg ist über die Autobahn A 4, Abfahrt Siebenlehn und die Bundesstraße 101, aus Richtung Dresden beziehungsweise Chemnitz über die Bundesstraße 173 zu erreichen. Aus Richtung Leipzig führt die Autobahn A 14, Abfahrt Nossen-Ost und die Bundesstraße 101 nach Freiberg. Aus Richtung Prag ist die Anbindung über die A 17, Abfahrt Dresden-Gorbitz über die Bundesstraße 173 gegeben. Freiberg ist Kreuzungs- und Ausgangspunkt mehrerer Staatsstraßen in Richtung Reinsberg, Halsbrücke, Dippoldiswalde, Frauenstein, Altenberg (Erzgebirge), Brand-Erbisdorf, Kleinschirma und Hainichen. Abschnitte der Bundesstraßen 173 und 101 sind Teil der Silberstraße. Diese war mit dem Silberwagenweg zwischen Annaberg und Freiberg eine alte Poststraße. Die Staatsstraße in Richtung Frauenstein entspricht in ihrem Verlauf in Teilen der Alten Freiberg-Teplitzer Poststraße. Die verkehrstechnische Bedeutung Freibergs lässt sich unter anderem an den noch vorhandenen drei Sächsischen

Postmeilensäulen ermessen. Kein weiterer Ort verfügt heute noch über eine solche Dichte von Postsäulen.

Die 13,5 Kilometer lange Ortsumgehung von Freiberg, ausgehend von der B 173 östlich Halsbach über die B 101 im Süden, über die B 173 im Westen bis zur B 101 im Nordwesten, befindet sich im Planfeststellungsverfahren.

Eisenbahn

Freiberg liegt mit seinem Bahnhof in 413 m ü. NN an der Sachsen-Franken-Magistrale auf deren Teilabschnitt Bahnstrecke Dresden–Werdau, einer wichtigen Eisenbahnverbindung in Deutschland zwischen Dresden und Chemnitz. Der Bahnhof Freiberg ist Verkehrshalt für den InterRegioExpress IRE1 (Dresden–Nürnberg), den Regional-Express RE3 (Dresden–Hof) und der Regionalbahn RB30 (Dresden–Zwickau). Die RB30 fährt auf der Relation Freiberg–Chemnitz–(Zwickau) montags bis freitags in der HVZ teilweise im 30-Minuten-Takt, sonst mindestens stündlich. Seit 9. Dezember 2007 ist Freiberg an das S-Bahnnetz Dresden angeschlossen. Die neue S-Bahnlinie S30 verkehrt montags bis freitags früh und nachmittags parallel zur RB30 und sorgt so für einen 30-Minuten-Takt zwischen Freiberg und Dresden. Außerdem führt von Freiberg die Eisenbahnstrecke Nossen-Moldau ins Erzgebirge auf dem noch in Betrieb befindlichen Teilabschnitt bis nach Holzhau. Diese Strecke wird von der Freiberger Eisenbahn, die zur Rhenus-Veniro-Gruppe gehört, im Auftrag des Verkehrsverbundes Mittelsachsen betrieben. Der Abschnitt nach Nossen wird im Personenverkehr nicht mehr bedient; Die Bahnstrecke Freiberg–Halsbrücke über den ehemaligen Freiberger Ostbahnhof führend sowie die Bahnstrecke Berthelsdorf–Großhartmannsdorf/Langenau, welche unter anderem über Brand-Erbisdorf führte, sind beide Stichbahnen und stillgelegt.

Luftverkehr

Die nächstgelegenen Flughäfen sind Dresden-Klotzsche (45 km), Leipzig-Altenburg (85 km) und Leipzig/Halle (110 km). In der Nähe von Großschirma beziehungsweise Langhennersdorf gibt es einen Sonderlandeplatz.

ÖPNV

Der ÖPNV wird durch die Verkehrsbetriebe Freiberg GmbH (VBF) erbracht. Diese betreibt in der Stadt acht Stadtbuslinien (Linien A–H) die unter anderem nach Brand-Erbisdorf, Zug, Halsbrücke und Oberschöna führen. Zentraler Umsteigepunkt ist neben dem Bahnhof Freiberg die Zentralhaltestelle. Hier besteht die Umsteigemöglichkeit zwischen allen Stadtbussen und vielen Regionalbussen. In der Schwachlastzeit, im Nacht- und teilweise im Wochenendverkehr, werden die Stadtbuslinien durch das AnrufLinienTaxi ergänzt. Freiberg gehört zum Verbundgebiet des Verkehrsverbundes Mittelsachsen mit der Tarifzone 10. Zwischen 1902 und 1919 verkehrte in der Stadt Freiberg die Städtische Straßenbahn Freiberg in Sachsen mit einer Spurweite von 1000 Millimetern.

Gesundheitswirtschaft

1223 gab es mit dem St. Johannishospitals das erste Krankenhaus in Freiberg. Die Kreiskrankenhaus Freiberg gGmbH [9] feierte am 8. November 2011 ihr 150-jähriges Jubiläum. Hauptgesellschafter des Krankenhauses ist der Landkreis Mittelsachsen, weiterer Gesellschafter ist die Sana Kliniken AG. Seit 1998 ist es eins von zehn Krankenhäusern der Schwerpunktversorgung in Sachsen. Das Krankenhaus besitzt ein zertifiziertes Schlaganfallzentrum.[10] 2010 wurde das Krankenhaus Akademisches Lehrkrankenhaus der Dresdner Universität.

Ansässige Unternehmen

Der Freiberger Silberbergbau beruhte auf dem Vorkommen von zirka 1.000 Erzgängen. Im Freiberger Bergbaurevier wurden etwa 180 verschiedene Mineralien gefunden. Der Bergbau förderte die Stadtentstehung entscheidend, war aber nicht allein für die Stadtgründung ausschlaggebend, denn etwa zur gleichen Zeit wurde der Landesausbau des südlichen Teils der Mark Meißen vorangetrieben. Der später auf andere Metalle erweiterte Erzbergbau, die Erzaufbereitung und -verhüttung, das damit in enger Verbindung stehende Handwerk, die Dienstleistung und weiterverarbeitende Industrien sowie die Wissenschaft, insbesondere die Montan- und Geowissenschaften, prägten über 800 Jahre die wirtschaftliche Entwicklung der Stadt. Ein Beispiel ist das Deutsche Brennstoffinstitut, das für die Gaswirtschaft zuständig war. In der Stadt

Schlägel und Eisen als Symbol des Bergbaus

waren neben dem Bergbau die Aufbereitung und Verhüttung fast aller Nichteisenmetalle, der Spurenelemente und Edelmetalle zu Hause. Freiberg und Muldenhütten waren Münzstätten. In Freiberg werden Halbleiterwerkstoffe hergestellt und Einkristalle gezüchtet. Der Maschinenbau (Papiermaschinen), der Metallleichtbau, die Elektronik, die feinmechanische und optische Industrie, die Lederindustrie, die Textilherstellung, die Porzellanindustrie und die Lebensmittelindustrie sind oder waren in der Stadt vertreten.

Wichtigster Arbeitgeber der Stadt ist derzeit die TU Bergakademie Freiberg. Eine chancenreiche wirtschaftliche Alternative zu den traditionell in Freiberg beheimateten Wirtschaftszweigen scheint sich mit der *ressourcenschonenden Energiegewinnung* und der Herstellung entsprechender technischer Anlagen zu entwickeln. Freiberg soll bis 2015 *Energiestadt* werden. Bisher gibt es folgende Einrichtungen und Anlagen:

- Lokale Windkraftanlagen
- Zwei Bürgerkraftwerke
- Nutzung der Solarthermie in einem Seniorenheim
- Wasserkraftanlage im Muldental in Halsbach
- Biomasseveredlung bei der Firma Choren Industries (Biomasseheizkraftwerk, erneuerbare Kraftstoffe)
- Holzgas-GuD-Kraftwerk Siebenlehn
- Photovoltaikanlagen auf Freiberger Industriegebäuden
- Private Photovoltaikanlagen auf Freiberger Dächern
- Bau einer Erdgastankstelle bei Umstellung auf Erdgasfahrzeuge bei den Stadtwerken Freiberg
- Geothermie
  - Freiberger Krankenhaus: im Sommer wird mit sauberer Luft aus dem Bergbau gekühlt und im Winter geheizt
  - Wärmepumpen als Heizung zur Warmwasseraufbereitung.

Auf dem Gebiet der *Hochtechnologie* sind die Deutsche Solar AG, die Siltronic AG, und die Freiberger Compound Materials GmbH tätig. Mit der Niederlassung der *Deutschen Solar AG* entstand in Freiberg in direkter Fortführung der Waferproduktion die größte integrierte Solarzellenfabrik Europas, die jährlich Solarzellen mit einer Gesamtleistung von 250 Megawatt produziert. Künftig soll die Produktion verdoppelt bzw. in weiterer Zukunft vervierfacht werden.[11] [12] Der Standort Freiberg hat eine über fünfzigjährige Tradition in der Siliziumverarbeitung, die auf den 1957 gegründeten VEB Spurenmetalle Freiberg zurückgeht. Die 1995 gegründete ACTech GmbH Freiberg verbindet Prototypfertigung und Teileentwicklung mit dem Gießereihandwerk als Dienstleister im Bereich Gussteilentwicklung inzwischen auch mit Standorten in den USA und Indien.

Einen weiteren Schwerpunkt bildet der *Tourismus*. Durch die Sehenswürdigkeiten und die historischen Bergbauanlagen ist Freiberg, das an der Silberstraße liegt, vor allem für den technisch-historisch und kunsthistorisch Interessierten Bildungstouristen ein lohnendes Ziel. Seit Oktober 2008 existiert die Terra Mineralia im Schloss Freudenstein. Die Absicht, die *Montanregion Erzgebirge*, für die Liste des UNESCO-Weltkulturerbes zu kandidieren, setzt neue Impulse.[13] [14]

Des Weiteren gibt es Firmen für Feinmechanische Geräte und Messinstrumente.

Die *Lebensmittelindustrie* ist mit der *Freiberger Brauhaus AG*, einer Produktionsstätte der Sternenbäck GmbH und der Molkerei Hainichen-Freiberg, die als Gemeinschaftsunternehmen (jeweils 50%) von der Ehrmann AG und der Käserei Champignon Hofmeister betrieben wird, vertreten. Freiberg verfügt über einen leistungsstarken *Dienstleistungssektor*, vor allem spezialisiert sich die Stadt auf wissenschaftliche Dienstleistungen im Bereich der Geowissenschaften und der Geoinformatik, was über die üblichen Aufgaben eines Mittelzentrums hinausgeht.

Von der *Freiberger Präzisions-
mechanik* gefertigter Sextant

Medien

- Fernsehen: Stadtfernsehen Freiberg „eff3"[15]
- Presse: Freie Presse,[16] Wochenspiegel – Freiberger Anzeiger,[17] Freiberger Lesehefte (Zeitschrift für Gegenwartsliteratur)

Bildung und Forschung

Die Technische Universität Bergakademie Freiberg ist die älteste, noch existierende montanwissenschaftliche Bildungseinrichtung der Welt. Sie wurde 1765, im Zeitalter der Aufklärung, durch Prinz Xaver als Ausbildungsstätte für Bergleute in Freiberg gegründet, als Sachsen nach der Niederlage im Siebenjährigen Krieg den Bergbau forcieren musste, um Reparationen zu zahlen.

Das *Geschwister-Scholl-Gymnasium* wurde bereits im Jahre 1515 als Städtische Lateinschule gegründet und war damit das erste humanistische Gymnasium in Sachsen. Es verfügt über die wertvolle *Andreas-Möller-Bibliothek*, zwei Chöre, die Bläsergruppe *Musica Concordia* und zahlreiche Sportgruppen. Das Gymnasium besteht aus zwei Schulgebäuden, deren Rekonstruktion und Modernisierung 2002 bzw. 2004 abgeschlossen wurden. Das Albertinum ist das Haupthaus und beherbergt neben der Schulleitung die Klassenstufen 9 bis 12, das *Haus Dürer*, benannt nach dem Maler Albrecht Dürer, die Klassenstufen 5 bis 8.

Hauptgebäude der Universität in der
Akademiestraße

Das Ulrich-Rülein-Gymnasium Freiberg entstand 1992 aus den polytechnischen Oberschulen *Lenin* und *Gorki*. Im Jahr 2007 wurde das Gymnasium mit dem Geschwister-Scholl-Gymnasium zusammengelegt und kurzzeitig als *Gebäude Rülein* des Geschwister-Scholl-Gymnasiums weitergeführt.

Das Freiberg-Kolleg ist eine staatliche Einrichtung des zweiten Bildungswegs im Land Sachsen. Es bietet Erwachsenen die Möglichkeit, nach Abschluss einer Berufsausbildung in Vollzeit die allgemeine Hochschulreife zu erwerben. Das Freiberg-Kolleg ist mit dem Gründungsjahr 1949 das älteste der drei Kollegs in Sachsen. Zurzeit lernen hier zirka 260 Schüler. Das an dieser Einrichtung erworbene Abitur berechtigt zum Studium an allen Hochschulen und Universitäten.

Persönlichkeiten

→ *Hauptartikel: Liste der Persönlichkeiten der Stadt Freiberg*

Literatur

- August Breithaupt: *Die Bergstadt Freiberg im Königreich Sachsen*. Craz und Gerlach Verlag, Freiberg 1847.
- Margot Pfannstiel: *Die Tulpenkanzel. Bilder aus der Geschichte Freibergs und des Erzbergbaus*. 2. Auflage. Urania-Verlag, Leipzig, Jena, Berlin 1983.
- Yves Hoffmann, Uwe Richter (Hrsg.): *Denkmale in Sachsen. Stadt Freiberg. Beiträge I–III*. Denkmaltopographie Bundesrepublik Deutschland. Werbung & Verlag, Freiberg 2002–2004, ISBN 3-936784-00-0.
- Hanns-Heinz Kasper, Eberhard Wächtler (Hrsg.): *Geschichte der Bergstadt Freiberg*. Böhlau, Weimar 1986, ISBN 3-7400-0051-1.
- Otfried Wagenbreth, Eberhard Wächtler (Hrsg.): *Der Freiberger Bergbau. Technische Denkmale und Geschichte*. 2. Auflage. Deutscher Verlag für Grundstoffindustrie, Leipzig 1988, ISBN 3-342-00117-8.
- Richard Steche: Freiberg. [18] In: *Beschreibende Darstellung der älteren Bau- und Kunstdenkmäler des Königreichs Sachsen*, 3. Heft: *Amtshauptmannschaft Freiberg*. C. C. Meinhold, Dresden 1884, S. 8.

Filmografie

- »Bilderbuch Deutschland«, Freiberg, Dokumentation, Produktion: MDR, Regisseurin: Birgit von Gagern, Erstausstrahlung: 19. November 2000, 45 Min[19]

Weblinks

- Links zum Thema Freiberg (Sachsen) [20] im Open Directory Project
- Offizielle Website der Stadt [2]
- Website der Stadtmarketing Freiberg GmbH [21]
- Freiberg [22] im *Digitalen Historischen Ortsverzeichnis von Sachsen*
- Altstadtsanierung [23]

Einzelnachweise

[1] http://toolserver.org/~geohack/geohack.php?pagename=Freiberg&language=de¶ms=50.9119444444_N_13. 3427777778_E_region:DE_type:city&title=Freiberg

[2] http://www.freiberg.de/

[3] netz.werk Freiberg (http://freiberg.net/denkmale/oktoberopfer/) - die Seite von Freibergern für Freiberger

[4] Totenbuch des Speziallagers Jamlitz (mit dem russischen Eintrag *Gartenschtain*)

[5] Google Books: Annette Kaminsky: *Orte des Erinnerns: Gedenkzeichen, Gedenkstätten und Museen zur Diktatur in SBZ und DDR*; Bundeszentrale für Politische Bildung; S. 341 (http://books.google.de/books?id=Rnp-UlOvlQMC&pg=PA341&lpg=PA341& dq=Werner+Hartenstein+Freiberg&source=bl&ots=fZ_vLCOp68&sig=1puVkuJ5oLmxzsmtHX-1xVXmnRI&hl=de& ei=wdCNTOObKIvHswaJs-jqAQ&sa=X&oi=book_result&ct=result&resnum=2&ved=0CBwQ6AEwAQ#v=onepage&q=Werner Hartenstein Freiberg&f=false)

[6] Das Sachsenbuch, Kommunal-Verlag Sachsen KG, Dresden, 1943

[7] Freie Presse, Freiberger Zeitung, Seite 11, Ausgabe vom 7. Januar 2010

[8] Gunther Galinsky, Rolf Stenzel: *Freiberg*, 2. Auflage, Brockhausverlag Leipzig, 1981, S. 25

[9] Internetpräsenz Kreiskrankenhaus Freiberg (http://www.kkh-freiberg.de)

[10] Liste der Stroke Units (http://www.dsg-info.de/stroke-units/stroke-units-uebersicht.html?PLZ_Suche=0)

[11] FTD.de – Industrie – Nachrichten – Doppelt so viel Solar-Watt aus Sachsen (http://www.ftd.de/unternehmen/industrie/144362.html)

[12] BMVBS: *1. Spatenstich für eine neue Produktionsstätte der Deutschen Solar AG in Freiberg* (http://www.bmvbs.de/-,302.1045473/1. -Spatenstich-fuer-eine-neue-.htm?global.back=/)

[13] http://www.montanregion-erzgebirge.de/Eintragung in die deutsche Tentativliste

[14] http://www.zeit.de/2010/36/S-Bergwerke Erzgebirge: Ruhe oder Ruhm (Zeit-Online vom 1. September 2010)

[15] Internetpräsenz eff3 (http://www.eff3-freiberg.de/)

[16] Internetpräsenz Freie Presse (http://www.freiepresse.de/)

[17] Internetpräsenz Wochenspiegel (http://www.wochenspiegel-sachsen.de/index.php/freiberg-news/)

[18] http://digital.slub-dresden.de/ppn308967097/8

[19] »Bilderbuch Deutschland«, Freiberg in der deutschen (http://www.imdb.de/title/tt0981489) und englischen (http://www.imdb.com/title/tt0981489) Version der Internet Movie Database

[20] http://www.dmoz.org/World/Deutsch/Regional/Europa/Deutschland/Sachsen/Landkreise/Freiberg/Städte_und_Gemeinden/Freiberg,_Sachsen/

[21] http://www.freiberg-service.de/

[22] http://hov.isgv.de/Freiberg_%281%29

[23] http://www.werkstatt-stadt.de/de/projekte/77/

Naturschutz

Der Begriff **Naturschutz** umfasst alle Untersuchungen und Maßnahmen zur Erhaltung und Wiederherstellung der Leistungsfähigkeit des Naturhaushaltes. Eine nachhaltige Nutzbarkeit der Natur durch den Menschen wird angestrebt. Der Naturhaushalt soll als Lebensgrundlage des Menschen und aufgrund des eigenen Wertes der Natur geschützt werden.

Ziele des Naturschutzes

Ziel des Naturschutzes ist es, Natur und Landschaft auf Grund ihres eigenen Wertes und als Lebensgrundlagen des Menschen zu erhalten (§ 1 Bundesnaturschutzgesetz). Er ist somit öffentliche Aufgabe und dient dem in Artikel 20a Grundgesetz verankerten Staatsziel. In der Schweiz wird es durch die Verfassung Art. 78 und das auf den Verfassungsartikel basierende *Bundesgesetz über den Natur- und Heimatschutz* (NHG) geregelt. Viele Menschen, die im Naturschutz arbeiten oder dessen Arbeit unterstützen, verbinden damit auch weitergehende Erwartungen und Motive, die sich aus der geistesgeschichtlichen Herkunft des Naturschutzes ergeben. Dazu gehören z. B. ethische Gründe (Tierschutz) oder emotionale (Heimatverbundenheit). Obwohl ohne die Motivationen dieser Menschen sehr viel weniger praktische Naturschutzarbeit geleistet würde, bleiben sie in diesem, auf den öffentlichen Naturschutz konzentrierten Artikel außer Betracht.

Aus dem Wissen heraus, dass eine Übernutzung und Zerstörung von Natur und Landschaft dramatische und katastrophale Folgen für den Siedlungsstandort, die Gesundheit und die Nahrungsmittelerzeugung des Menschen haben können, werden Wiederherstellung, Erhalt und die langfristige und nachhaltige Nutzbarkeit des Naturhaushaltes angestrebt.

Argumente für den Naturschutz

Die Botanikerin Otti Wilmanns formuliert fünf Argumente für den Naturschutz [1]:

1. *Ethisches Argument*: Da der Mensch über Sein oder Nichtsein aller anderen Arten entscheiden kann, hat er aus ethischen Gründen das Recht aller Organismen auf Leben zu achten.

2. *Theoretisch-wissenschaftliches Argument*: Einzelne Arten, Biozönosen und Landschaften sind Gegenstand unseres Erkenntnisstrebens. Sehr viele Zusammenhänge können prinzipiell nur in ungestörten Lebensräumen studiert werden. Nur aus den entsprechenden Forschungsergebnissen können auch heutige und künftige Probleme der Menschheit gelöst werden.

3. *Pragmatisches Argument*: Da der Mensch Naturgüter für sein Überleben benötigt, muss er sie für die Gegenwart und für kommende Generationen erhalten. So sollen Wildformen oder Landsorten von Kulturpflanzen für Resistenzzüchtungen erhalten werden. Pflanzen bzw. deren Inhaltsstoffe können für künftige Generationen pharmazeutisch von Bedeutung werden.

4. *Anthropobiologisches Argument*: Der Mensch benötigt die Natur als Ausgleich und Anregung. Die Bindung zu einer Heimatlandschaft gehört zum Identitätsbewusstsein eines jeden Individuums.

5. *Historisch-kulturelles Argument*: Naturschutz bezieht sich auf Landschaftsteile, die durch jahrhundertelange bäuerliche Nutzung entstanden sind. Diese Landschaften sind Dokumente der menschlichen Kultur und deshalb ähnlich Kunstwerken erhaltenswert.

Schutzgüter des Naturschutzes

Zum Naturhaushalt gehören abiotische und biotische Bestandteile des Naturhaushaltes, sowie deren Wechselwirkungen. Als abiotisch werden Böden, Gewässer, Meere (Meeresschutz), Klima, Luft, Biotope, sowie auch das Landschaftsbild angesehen. Biotische Bestandteile des Naturhaushaltes sind Fauna und Vegetation. Wechselwirkungen laufen zwischen den Bestandteilen als komplizierte Interaktionen ab (Landschaftsökologie). Die einzelnen Bestandteile dieses komplexen Systems des Naturhaushaltes sind zu schützen, weil sie sonst ihre Funktion nicht mehr erfüllen können. Eingeschränkte oder verlorene Funktionen können schwerwiegende Auswirkungen auch auf den Menschen haben. Funktionen des Naturhaushaltes für den Menschen sind Siedlungsraum und Wirtschaftsstandort (Nahrungsmittel, Rohstoffe, Verarbeitung, Verkehr), Erholung, Gesundheit.

Wichtige Gegenstände des Naturschutzes sind Naturlandschaften, Naturdenkmäler u. a. Schutzgebiete und Landschaftsbestandteile, sowie seltene, in ihrem Bestand gefährdete Pflanzen, Tiere, und Biotope, in ihren Ökosystemen und mit ihren Standorten. Der Naturschutz beschäftigt sich daher auch mit den Standortfaktoren: Bodenschutz, Mikroklima, Luftreinhaltung und Lärmschutz sowie anderen potenziell schädlichen Einflüssen wie zum Beispiel Licht, Bewegung, Zerschneidung und Isolation von Lebensräumen. In den letzten Jahrzehnten hat auch der Naturschutz innerhalb menschlicher Siedlungen und auf landwirtschaftlich genutzten Flächen an Bedeutung gewonnen.

Die praktische Naturschutzarbeit wird vor allem auf regionaler und lokaler Ebene geleistet. Die rechtlichen Instrumente des Naturschutzes sind allerdings in vielen Ländern auf nationaler Ebene verankert.

Praktischer Naturschutz: Zur Wiederansiedlung von Fledermäusen bringt die Waldjugend entsprechende Holzkästen an.

Innerhalb der Europäischen Union gewinnen auch europaweite Programme und Regelungen an Bedeutung (z. B. Natura 2000[2] , oder auch die Europäische Wasserrahmenrichtlinie, die indirekt große Auswirkungen auf den Naturschutz haben wird). Innerhalb des Naturschutzes gibt es unterschiedliche Strömungen/Bewegungen. Dies zeigt sich z.B. daran, dass sich eine Mehrheit für die Erreichung einer maximal möglichen Artenvielfalt durch Förderung einer reichgestaltigen Landnutzung/Landschaftspflege einsetzt, nicht wenige aber kompromisslos für den Prozessschutz kämpfen, der unter mitteleuropäischen Bedingungen zur Entwicklung natürlicher Wälder führt, die aber je nach Vegetationstyp relativ artenarm sein können. Unterschiedliche Interessensschwerpunkte der Naturschützer haben nicht selten gravierende Zielkonflikte zur Folge, denn Maßnahmen, die bestimmten Vegetationstypen dienen, können ggf. ungünstig für einen Teil der angestammten Vogelwelt sein.

Folgen für die lokale Bevölkerung

Entgegen vielfach geäußerter Befürchtungen, dass Großschutzgebiete den Bewohnern ihre wirtschaftliche Grundlage entziehen würden,[3] ergab die Auswertung von Daten zu 306 Schutzgebieten in 45 afrikanischen und lateinamerikanischen Staaten, dass Schutzgebiete für die lokale Bevölkerung wirtschaftlich attraktiv sind, so dass an ihrem Rand ein etwa doppelt so hohes Bevölkerungswachstum stattfinden, wie im Durchschnitt der Großregion, der das Schutzgebiet angehört. Als Gründe gelten die Fördermittel, die die internationale Gemeinschaft für die Einrichtung von Schutzgebieten zur Verfügung stellt und durch die die Infrastruktur und die Sicherheitslage verbessert werden, sowie Einkünfte aus Tourismus.[4]

Unterschied zum Umweltschutz

Der Naturschutz betrachtet alle Nutzungen von Böden und Gewässern, die seine Belange beeinträchtigen können; dies können auch solche sein, die für Menschen uninteressant sind (z. B. bei Ödland). Der Umweltschutz betrachtet alle Aktivitäten des Menschen, die mit einer Gefahr für Ökosysteme und die Artenvielfalt verbunden sein könnten. Während der Naturschutz seinen Blick auf den Naturhaushalt als Ganzes richtet und schädliche menschliche Einflüsse am Ort ihres Einwirkens bekämpfen möchte, zielt der Umweltschutz eher darauf ab, die menschlichen Aktivitäten, die die Ursache von Umweltschäden sind, zu bekämpfen. Beiden gemeinsam ist, dass die zu lösenden Probleme teils globale, teils regionale oder lokale sind.

- Beim Klima geht es dem Naturschutz meistens um das *Mikroklima/Bestandsklima* und dessen Erhalt als wichtige Größe in Ökosystemen. Der Klimaschutz des Umweltschutzes beschäftigt sich hingegen mit dem *Großklima*. Bei der Frage, ob Kleinwasserkraftwerke oder Windkraftanlagen die Umwelt eher schonen oder ihr eher schaden, gibt es häufig Meinungsverschiedenheiten zwischen Umwelt- und Naturschützern.
- Während der Umweltschutz versucht, das Waldsterben durch *Luftreinhaltung* zu bremsen, versucht der Naturschutz, die *geschädigten Wälder wiederherzustellen und zu erhalten*. Besonders im letzten Fall wird deutlich: Der Naturschutz muss dabei lokal agieren, um Landbesitzer, Land- und Forstwirte von den Vorhaben zu überzeugen; er muss geeignete Pflanzen auswählen, die den veränderten Umweltbedingungen gerecht werden, er muss auch durch andere Maßnahmen die Folgeschäden des Waldsterbens bekämpfen.

Rechtliche Instrumente des Naturschutzes

In Deutschland ist die Gesetzgebungskompetenz für den Naturschutz zwischen Bund und Ländern aufgeteilt. Vor der Föderalismusreform besaß der Bund nur eine Kompetenz zur Rahmengesetzgebung, aufgrund derer er das Bundesnaturschutzgesetz erlassen hat. Die Länder haben jeweils eigene Landesnaturschutzgesetze, die das früher als Landesrecht fortgeltende Reichsnaturschutzgesetz von 1935 abgelöst haben. Heute hat der Bund zwar die Gesetzgebungskompetenz im Bereich des Naturschutzes, doch haben die Länder eine Abweichungskompetenz (Art. 72 Abs. 3 GG). Zu den nationalen Regelungen treten zahlreiche internationale Abkommen sowie Programme und einzelne Richtlinien der Europäischen Union. Die zentrale wissenschaftliche Behörde des Bundes für den nationalen und internationalen Naturschutz ist das Bundesamt für Naturschutz.

In der Schweiz besteht im Bereich des Landschaftsschutzes eine geteilte Zuständigkeit von Bund und Kantonen (Art. 78 Abs. 1 und 2 BV); im Bereich des eigentlichen Naturschutzes (Biotop- und Artenschutz) hat der Bund dagegen eine umfassende Gesetzgebungskompetenz (Art. 78 Abs. 4 und 5 BV), welche er auch weitgehend ausgeschöpft hat (Art. 18 ff. des Natur- und Heimatschutzgesetzes).

- **Naturschutzgesetze in Deutschland:**
  - Bundesnaturschutzgesetz
  - Naturschutzgesetze der Länder
- **Begriffe (Deutschland: §§ des Bundesnaturschutzgesetzes)**
  - Naturschutzgebiet (Deutschland: § 23)
  - Nationalpark (Deutschland: § 24, Schweiz: Nationalparkgesetz) - (Liste der Nationalparks)
  - Biosphärenreservat (Deutschland: § 25)
  - Landschaftsschutzgebiet (Deutschland: § 26)
  - Naturpark (Deutschland: § 27) - (Liste der Naturparks in Deutschland)
  - Naturdenkmal (Deutschland: § 28)
  - Geschützte Landschaftsbestandteile (Deutschland: § 29)

Schild Naturschutzgebiet in Deutschland

- Gesetzlich geschützter Biotop (Deutschland: § 30)
- Wasserschutzgebiet (dient der quantitativen und qualitativen Aufrechterhaltung der Wasserversorgung der Bevölkerung). keine Naturschutzkategorie im eigentlichen Sinne.
- Moorlandschaften (Schweiz: NHG Art. 23)
- Auengebiet von nationaler Bedeutung (Schweiz: NHG Art. 18a Abs. 1 u. 3)
- **Europäisches Recht**
  - Fauna-Flora-Habitat-Richtlinie (FFH-Richtlinie)[5]
  - Richtlinie 79/409/EWG über die Erhaltung der wildlebenden Vogelarten[6]
  - Natura 2000. In deutsches Recht übernommen: §§ 31 bis 34)
- **Internationale Abkommen (Auswahl):**
- *(Weitere Abkommen siehe Liste internationaler Umweltabkommen)*
  - Biosphärenreservat (1970) - UNESCO-Programm „Der Mensch und die Biosphäre" - (Liste der Biosphärenreservate)
  - Ramsar-Konvention (1971) - Übereinkommen über Feuchtgebiete, insbesondere als Lebensraum für Watt- und Wasservögel, von internationaler Bedeutung
  - CITES (Washingtoner Artenschutzabkommen) (1973) - Übereinkommen über den Handel mit gefährdeten Arten freilebender Tiere und Pflanzen
  - Helsinki-Konvention (1974) - Übereinkommen zum Schutz der Meeresumwelt und der Ostseegebiete
  - UNESCO-Welterbe (1975)- UNESCO-Konvention zum Schutz des Kultur- und Naturerbes der Welt
  - Berner Konvention (1979) - Europäisches Artenschutzübereinkommen
  - Bonner Konvention (1979) - Übereinkommen zur Erhaltung der wandernden wildleben Tierarten
  - Internationales Tropenholz-Übereinkommen (1983)
  - Alpenkonvention (1991) - Übereinkommen zum Schutz der Alpen
  - Konvention von Rio (1992) - Übereinkommen über die biologische Vielfalt
  - OSPAR (1992) - Übereinkommen zum Schutz der Meeresumwelt des Nordost-Atlantiks

Naturschutz als Studium und Beruf

Naturschutz ist in Deutschland wie auch in den meisten anderen Ländern eine staatliche, rechtlich geregelte Aufgabe. Um sie zu bewältigen, wurden seit den 1970er Jahren eigenständige Behörden geschaffen. Die zuständigen Behörden unterliegen dem Landesrecht (§3 Bundesnaturschutzgesetz). In den meisten Bundesländern gibt es die unteren Naturschutzbehörden der Landkreise, die höheren Naturschutzbehörden der Regierungspräsidien/Bezirksregierungen und das Landesministerium als oberste Behörde. Manche Bundesländer haben die mittlere Behördenebene abgeschafft. Daneben gibt es andere staatliche und kommunale Einrichtungen, von solchen, die der Forschung dienen, bis zu Bildungsakademien. Das zentrale Planungsinstrument zur Verwirklichung der Ziele des Naturschutzes, so ist es rechtlich festgelegt (§§ 5 ff. Bundesnaturschutzgesetz), ist die Landschaftsplanung. In dieser stehen „die Leistungs- und Funktionsfähigkeit des Naturhaushalts", die „Tier- und Pflanzenwelt" und „die Vielfalt, Eigenart und Schönheit sowie der Erholungswert von Natur und Landschaft" im Mittelpunkt, wie es im §1 des Bundesnaturschutzgesetzes heißt.

In einem umfassenden Sinne an der Verwirklichung der Ziele des Naturschutzes zu arbeiten, ist daher Aufgabe des Berufs der Landschaftsplaner. Um etwa ein Referendariat in einer für Umwelt- und Naturschutzfragen zuständigen Behörde beginnen zu können, ist im Allgemeinen ein Studium der Landschaftsplanung oder "verwandter Studiengänge" erforderlich. Landschaftsplanung ist ein interdisziplinärer Studiengang; er setzt sich aus ökologischen, sozial- und geisteswissenschaftlichen, ingenieur- und planungswissenschaftlichen Fachinhalten zusammen.

In Deutschland kann man Landschaftsplanung an fünf Universitäten studieren (Diplom-, Bachelor- und Masterstudiengänge):

- Technische Universität München (Wissenschaftszentrum Weihenstephan)[7]
- Gesamthochschule Kassel[8]
- Technische Universität Berlin[9]
- Leibniz-Universität Hannover[10]
- Technische Universität Dresden[11]

Landschaftsplanung kann man auch an einigen Fachhochschulen studieren, z. B.:

- Hochschule Anhalt (FH)[12]
- Hochschule für Wirtschaft und Umwelt Nürtingen-Geislingen im Bachelor-Studium Landschaftsplanung & Naturschutz[13]
- Hochschule Ostwestfalen-Lippe (FH)[14]

Studiengänge, die ebenfalls auf „Natur und Landschaft" ausgerichtet sind, aber nicht planungswissenschaftlichen Charakter haben, gibt es an den Universitäten Oldenburg[15], Greifswald[15], Münster[16] und den Fachhochschulen Eberswalde und Wiesbaden[17]. Auf spezielle Naturschutzaufgaben kann man sich an manchen Universitäten auch im Rahmen eines Studiums der Biologie (z. B. Universität Marburg[18]) oder der Forstwissenschaften (z. B. Universität Göttingen[19]) vorbereiten.

Ein internationaler Studiengang „Management of Protected Areas" wird an der Universität Klagenfurt (Österreich) angeboten. Der Ausbildungsgang wurde in Zusammenarbeit von IUCN, WWF, Ramsar-Konvention, Biodiversitätskonvention, Europarc, Alparc, PAN-Parks sowie mehreren österreichischen Institutionen entwickelt. Die wesentlichsten Lernziele sind ein grundlegendes und umfassendes Wissen über die Bedeutung und Funktionen von Schutzgebieten, die gesamte Palette an Instrumenten und Techniken zum effektiven Management dieser Gebiete (Vorphase, Planung, laufendes Management), sowie die Entwicklung der erforderlichen persönlichen Kompetenzen.[20]

Wie auch in vielen anderen staatlichen Bereichen üblich, werden die nicht-hoheitlichen Aufgaben des Naturschutzes überwiegend außerhalb der Behörden bearbeitet. Für die meisten fachlichen Aufgaben, wie z.B. Pflegepläne (Managementpläne) für Naturschutzgebiete, beauftragen die Behörden in der Regel Externe, meist freiberuflich tätige Landschaftsplaner bzw. Biologen oder entsprechende Fachbüros. Aufgrund der begrenzten Finanzmittel, die dem Naturschutz zur Verfügung stehen, ist für diese Berufsfelder die Tätigkeit direkt für den Naturschutz meist nur ein geringer Anteil ihres Tätigkeitsfeldes. Wichtiger sind ist in der Regel die planerische Bewältigung von Eingriffsfolgen im Rahmen von Umweltverträglichkeitsprüfungen, landschaftspflegerischen Begleitplänen, der Eingriffsregelung nach Bundesnaturschutzgesetz oder Umweltberichten (nach Baugesetzbuch). Ein großer Teil der praktischen Naturschutzarbeit wird unbezahlt und ehrenamtlich von Naturschutzverbänden geleistet. Teilweise haben diese im Rahmen der Professionalisierung ihrer Arbeit damit begonnen, hauptamtliche Kräfte einzustellen (meist befristet für konkrete Projekte). Auch andere Träger öffentlich geförderter Naturschutzprojekte wie z.B. Naturparkvereine, Gebietskörperschaften u.ä. stellen für diese Zwecke Fachpersonal ein. Alle im Naturschutz Tätigen sind, direkt oder indirekt, von öffentlichen Mitteln abhängig, da der Naturschutz als gemeinnützige Aufgabe Privaten in der Regel keinerlei Gewinnmöglichkeiten bietet.

Geschichte des Naturschutzes in Deutschland

Drachenfels und Wolkenburg, um 1880

Die Geschichte des Naturschutzes in Deutschland lässt sich nicht auf einen Ursprung reduzieren, da der Naturschutzgedanke im 18. und 19. Jahrhundert von mehreren geisteswissenschaftlichen Strömungen wie dem Utilitarismus oder dem Naturalismus, aber auch von Religionen und Ästhetik, beeinflusst wurde. Als einer der ersten Förderer wird der Naturforscher und Forstwissenschaftler Johann Matthäus Bechstein (1757–1822) gesehen. Prägend war der Naturforscher Alexander von Humboldt (1769–1859), der mit seinem Werk *Kosmos* große Popularität erlangte und auf den der Begriff des Naturdenkmals zurückgeführt wird. Als erster Akt des praktischen Naturschutzes in Deutschland wird der Ankauf des Drachenfelsen im Siebengebirge im Jahr 1836 unter dem preußischen König Friedrich Wilhelm III. gesehen, wodurch der weitere Abbau als Steinbruch für den Bau des Kölner Doms verhindert worden war. Es wurde dazu jedoch bemerkt, dass die Beweggründe dabei nicht dem Naturschutz galten, als vielmehr dem Erhalt eines „romantisch aufgeladenen National-Symbols". Offiziell unter Schutz gestellt wurde der Drachenfels mitsamt der Burganlage erst im Jahr 1922. [21]

Im Verlauf des 19. Jahrhunderts wuchs – parallel zur Nutzbarmachung und Beanspruchung der natürlichen Ressourcen durch technischen Fortschritt, Industrialisierung und Verstädterung – das gesellschaftliche Bewusstsein für die Schutzwürdigkeit der Natur. Die ersten Naturschutzvereine sind in dieser Zeit entstanden, so zum Beispiel 1899 der *Deutsche Bund für Vogelschutz*, aus dem der Naturschutzbund Deutschland (Nabu) hervorgegangen ist. Um die Wende vom 19. zum 20. Jahrhundert setzten Naturschützer sich für größere Schutzflächen und über den Artenschutz hinausgehende großräumige Landschaftspflege ein und stellten Forderungen nach gesetzlichen Regelungen. Das Jahr 1906 gilt mit der Gründung der Staatlichen Stelle für Naturdenkmalpflege in Preußen als der Anfangszeitpunkt für den staatlichen Naturschutz in Deutschland. Während der Weimarer Republik gelangten naturschutzrechtliche Gedanken zwar mit Artikel 150 in die Verfassung, konnten aufgrund von Streitigkeiten um Eigentums- und Länder-versus-Zentralstaatsfragen jedoch keine weitere Ausgestaltung erfahren. Erst mit der Machtübernahme 1933 setzte sich das NS-Regime zentralistisch sowohl gegen die Länderbelange wie auch gegen wirtschaftliche und landwirtschaftliche Interessen durch.

Der Naturschutz im Nationalsozialismus war geprägt durch umfassende gesetzliche Neuregelungen in den Jahren 1933 bis 1935 im Bereich des Natur- und Umweltschutzes, vor allem durch das 1935 erlassene Reichsnaturschutzgesetz (RNG), das naturschutzfachlich als großer Fortschritt galt. In der Praxis jedoch wurde das normative Programm kaum beachtet, es kam durch Autobahnbau, Intensivierung von Boden- und Waldnutzung, Trockenlegung von Mooren sowie durch industrielle und insbesondere militärische Eingriffe zu massiven Naturzerstörungen. Auch direkte Zerstörungen von bereits ausgewiesenen Schutzflächen für monumentale Bauten wurden vorgenommen, so zum Beispiel 1936 beim Bau des gewaltigen Kdf-Heims des Seebads Prora auf Rügen, durch den wesentliche Teile

Bau des KdF-Heims auf dem ehemals bewaldeten und unter Naturschutz stehenden Höhenzug Prora auf Rügen, 1937

des Naturschutzgebiets Schmale Heide zerstört wurden. Institutionell war der Naturschutz mit der „Reichsstelle für Naturschutz" ab 1936 dem Reichsforstamt unter Hermann Göring unterstellt, ideologisch wurde er mit einem rassistischen Heimatbegriff sowie der *Blut-und-Boden-Ideologie* vermengt, die in der Landschaftsplanung in Osteuropa nach dem Generalplan Ost ihre deutliche Ausprägung fanden. [21]

Nach Ende des Zweiten Weltkriegs arbeitete sowohl in der DDR wie auch in Westdeutschland das Personal der Naturschutzbehörden weiter.

In der DDR änderten sich die politische Einbindung und Zielsetzung des Naturschutzes. Die einflussreichsten Planer wie Georg Pniower oder Reinhold Lingner waren politisch unbelastet und der SED gegenüber loyal. Weder eine ästhetische Überhöhung noch eine völkisch-rassische Betonung spielten beim Aufbau eines sozialistischen Staates, mit dem eine gerechtere Gesellschaft verbunden werden sollte, eine Rolle. An der praktischen Arbeit der Landschaftsplanung änderte dies jedoch wenig. Die Aufgaben blieben dieselben, Leitbild war weiterhin die Intensivierung der Landnutzung. Personell wurde dabei auf Fachkräfte aus der Zeit des Nationalsozialismus, auch auf Mitglieder der NSDAP, zurückgegriffen; vielfach stammten diese aus dem Umfeld Alwin Seiferts.[22]

Auch in Westdeutschland kam es nicht zu Entnazifizierungsverfahren gegen Naturschutz-Beamte. Führende Personen in der Zeit des Nationalsozialismus wie Heinrich Wiepking-Jürgensmann, Konrad Meyer oder Erhard Mäding hatten auch nach 1945 hohe Positionen inne. Das Reichsnaturschutzgesetz galt bis zum Erlass des Bundesnaturschutzgesetzes (BNatSchG) 1976 als Landesrecht weiter.

Schweiz

Der Naturschutz ist in der Schweiz rechtlich vorab im Natur- und Heimatschutzgesetz (NHG) auf Bundesebene geregelt. Teilregelungen existieren zudem in der Wald- und Landwirtschafts-Gesetzgebung von Bund und Kantonen. Private Organisationen des einheimischen Naturschutzes sind etwa Pro Natura oder der Schweizer Vogelschutz.

Siehe auch

- Baumschutzverordnung
- Eingriff-Ausgleich-Regelung
- Fauna-Flora-Habitat-Richtlinie
- Höhere Landschaftsbehörde
- Internationaler Naturschutz
- Landschaftsplanung
- integriertes Küstenzonenmanagement
- Meeresschutz
- Mosaik-Zyklus-Konzept
- Naturschutzpolitik
- Naturschutzorganisation
- Neobiota (Neophyten und Neozoen)
- Prozessschutz
- Sukzession
- Untere Landschaftsbehörde
- Wildnisentwicklungsgebiete

Literatur

Wissenschaftliche Literatur

* Arne Andersen (1986): "Heimatschutz. Naturschutzbewegung." In: F.-J. Brüggemeier/Th. Rommelspacher (Hrsg.): *Besiegte Natur. Geschichte der Umwelt im 19. und 20. Jahrhundert.* Beck, München, S. 143-157.
* Otti Wilmanns (1987): Naturschutz. Mitt. bad. Landesver. Naturkunde u. Naturschutz N. F. 14(2):477-481. Freiburg im Breisgau.
* Harald Plachter (1991): *Naturschutz.* Gustav Fischer, Stuttgart und Jena, ISBN 3-437-20456-4.
* Joachim Radkau, Frank Uekötter (Hrsg.) (2003): *Naturschutz und Nationalsozialismus.* Campus, Frankfurt/Main, ISBN 3-593-37354-8.
* Bärbel Häcker (2004): 50 Jahre Naturschutzgeschichte in Baden-Württemberg. Zeitzeugen berichten. Ulmer, Stuttgart, ISBN 3-8001-4472-7.
* Friedemann Schmoll (2004): *Erinnerung an die Natur. Die Geschichte des Naturschutzes im deutschen Kaiserreich.* Campus, Frankfurt/Main, ISBN 3-593-37355-6.
* Hans Mattern (2005): *Dichter der Schwäbischen Romantik als Vorläufer des Naturschutzgedankens.* In: Stuttgarter Arbeiten zur Germanistik, Bd. 423. Stuttgart 2004, S. 307-317, ISBN 3-88099-428-5.
* John Alexander Williams (2005): "Protecting Nature Between Democracy and Dictatorship: The Changing Ideology of the Bourgeois Conservationist Movement, 1925-1935." In: Thomas Lekan/Thomas Zeller (Hrsg.): *Germany's Nature: New Approaches to Environmental History.* Rutgers University Press, New Brunswick, S. 183-206.
* Hans Werner Frohn, Friedemann Schmoll (Hrsg.) (2006): *Natur und Staat. Staatlicher Naturschutz in Deutschland 1906-2006.* Landwirtschaftsverlag, Münster, ISBN 3-7843-3935-2.
* Reinhard Piechocki (2007): Genese der Schutzbegriffe: 3. - Naturschutz (1888). *Natur und Landschaft*, 82(3), S. 110–111, ISSN 0028-0615 [23]
* Oliver Kersten: *Die Naturfreundebewegung in der Region Berlin-Brandenburg 1908–1989/90. Kontinuitäten und Brüche.* Berlin 2007 (Zugl. Diss. Freie Universität Berlin 2004) (Naturfreunde-Verlag Freizeit und Wandern), S. 40 f., 51 f., 88 f., 131 f., 234 f.; Abb. S. 184, ISBN 978-3-925311-31-4

Populärwissenschaftliche Literatur

* Wolf-Eberhard Barth: *Naturschutz: Das Machbare. Praktischer Umwelt- und Naturschutz für alle. Ein Ratgeber.* Paul Parey, Hamburg 1995, ISBN 3-490-11418-3
* Johannes M. Waidfeld: *Wachstum, der Irrtum; Wohlstand, eine gesellschaftliche Betrachtung.* Fischer & Fischer Medien AG, Frankfurt 2005, ISBN 3-89950-076-8

Weblinks

* Bundesamt für Naturschutz (BfN) [24]
* Bundesgesetz über den Natur- und Heimatschutz (NHG) der Schweiz [25]
* Gesetz über Naturschutz und Landschaftspflege (Bundesnaturschutzgesetz - BNatSchG) [26]
* Stiftung Naturschutzgeschichte [27]
* Naturschutz in Österreich [28]

Einzelnachweise

[1] Wilmanns, O. (1987)

[2] http://europa.eu/legislation_summaries/environment/nature_and_biodiversity/l28076_de.htm

[3] Klaus Pedersen: *Naturschutz und Profit. Menschen zwischen Vertreibung und Naturzerstörung*. Münster 2008. Einleitung (http://www. unrast-verlag.de/unrast,3,0,444.html)

[4] George Wittemyer, Justin S. Brashares, et al.: *Accelerated Human Population Growth at Protected Area Edges*. In: Science, Vol 321, S. 123 ff, 4. Juli 2008

[5] http://eur-lex.europa.eu/LexUriServ/site/de/consleg/1992/L/01992L0043-20070101-de.pdf

[6] http://www.bmu.de/files/gesetze_verordnungen/eg-vo_eg-richtlinien/application/pdf/vogelschutz_richtlinie_79409ewg.pdf

[7] Lehrstuhl für Landschaftsökologie (http://www.wzw.tum.de/loek/lehrstuhl/Studium-Naturschutz-Umweltschutz-Oekologie.php)

[8] http://www.uni-kassel.de/asl/studium/landschaftsarchitektur-und-landschaftsplanung.html

[9] TU Berlin: Landschaftsplanung und Landschaftsarchitektur (http://www.studienberatung.tu-berlin.de/menue/studium/studiengaenge/ faecher/landschaftsplanung_und_landschaftsarchitektur/)

[10] Leibniz Universität Hannover - Studienfach Landschaftsarchitektur und Umweltplanung (http://www.uni-hannover.de/de/studium/ studiengaenge/landschaft/)

[11] TUD - Institut für Landschaftsarchitektur - Studiengang der Landschaftsarchitektur (http://tu-dresden.de/die_tu_dresden/fakultaeten/ fakultaet_architektur/ila/studium)

[12] http://www.hs-anhalt.de/nc/studium/studienangebote/von-a-z/studiengang/landschaftsarchitektur-und-umweltplanung.html

[13] (http://www.hfwu.de/index.php?id=59)

[14] http://www.hs-owl.de/fb9

[15] Studieninfos für die Landschaftsökologie in Oldenburg (http://www.uni-oldenburg.de/fs.loek/_externa/index.htm)

[16] Institut für Landschaftsökologie: Studiengang (http://iloek.uni-muenster.de/typo3/index.php?id=6)

[17] FHW UMIB index (http://www.umib.de)

[18] Philipps-Universität Marburg. Fb. 17. Biologie (http://www.uni-marburg.de/fb17/fachgebiete/naturschutz).

[19] Fakultät für Forstwissenschaften und Waldökologie (http://www.forst.uni-goettingen.de/studium/ns/theorie.shtml)

[20] http://www.mpa.uni-klu.ac.at

[21] Bundesamt für Naturschutz: *Hundert Jahre staatlicher Naturschutz in Deutschland* (http://www.bfn.de/fileadmin/MDB/documents/ hintergrund_100_jahre.pdf), abgerufen am 19. April 2010

[22] Andreas Dix: "Nach dem Ende der 'Tausend Jahre': Landschaftsplanung in der Sowjetischen Besatzungszone und frühen DDR". In: Joachim Radkau, Frank Uekötter (Hg.): Naturschutz und Nationalsozialismus, Frankfurt/New York (Campus Verlag) 2003, S. 359 f.

[23] http://dispatch.opac.d-nb.de/DB=1.1/CMD?ACT=SRCHA&IKT=8&TRM=0028-0615

[24] http://www.bfn.de/

[25] http://www.gesetze.ch/inh/inhsub451.htm

[26] http://www.buzer.de/s1.htm?g=BNatSchG&f=1

[27] http://www.naturschutzgeschichte.de/

[28] http://www.naturschutz.at/

Biosphärenreservat

Ein **Biosphärenreservat** ist eine im Allgemeinen von der UNESCO anerkannte Modellregion, in der nachhaltige Entwicklung in ökologischer, ökonomischer und sozialer Hinsicht exemplarisch verwirklicht werden soll. Biosphärenreservate sind zwar auch Schutzgebiete, d.h. sie schützen die Biodiversität, die Vielfalt der Arten, der Ökosysteme, ihre Funktionen und die genetischen Ressourcen. Besonders ist, dass dieser Schutz vor allem auch durch wirtschaftliche Nutzung durch den Menschen erreicht werden soll. Alle Biosphärenreservate der UNESCO bilden ein globales Netzwerk für den Austausch von Wissen; sie sind somit besondere Bezugspunkte für Forschung, Umweltbeobachtung und Bildung. Mehrere Staaten definieren ihre Biosphärenreservate gesetzlich, in solchen Fällen können Biosphärenreservate zeitweise ohne UNESCO-Anerkennung existieren.

Die UNESCO, genauer ihr MAB-Programm bzw. der Internationale Koordinierungsrat von MAB, zeichnet Gebiete als Biosphärenreservate aus, die in globalem Maßstab stellvertretend für ein einzigartiges Ökosystem oder eine bedeutsame Kulturlandschaft stehen. Die Anerkennung durch die UNESCO wird nur dann vergeben, wenn die Bewohner eines Biosphärenreservats das Konzept der Nachhaltigkeit unterstützen.

Im Juli 2011 gab es 580 Biosphärenreservate in 114 Ländern.[1]

Biosphärenreservat Rhön

Grundlagen

Die UNESCO weist Biosphärenreservate im Rahmen des zwischenstaatlichen Programms Der Mensch und die Biosphäre (MAB) seit 1976 aus. Das MAB-Programm wurde 1970 als zwischenstaatliches und interdisziplinäres Wissenschaftsprogramm von der UNESCO gegründet. Seit einer Umorientierung auf die praktische Fortentwicklung der Biosphärenreservate Anfang der 1990er dient das MAB-Programm als ideales Instrument zur Umsetzung der 1992 in Rio de Janeiro ausgehandelten Agenda 21 und der dort beschlossenen Umweltabkommen, z.B. dem Übereinkommen über die biologische Vielfalt.

Landschaft im Biosphärenreservat
Pfälzerwald-Vosges du Nord

Die zweite Weltkonferenz der Biosphärenreservate beschloss 1995 in Sevilla die **Sevilla-Strategie** und die **Internationalen Leitlinien für das Weltnetz der Biosphärenreservate** – diese Dokumente wurden von der UNESCO-Generalkonferenz, also von allen Mitgliedstaaten der UNESCO, bestätigt. Diese Dokumente bilden die internationale Rechtsgrundlage der Biosphärenreservate, sind jedoch nicht

Totalreservat Plagefenn, Biosphärenreservat
Schorfheide-Chorin

verbindlich im völkerrechtlichen Sinn – jeder Staat und jedes Gebiet unterwirft sich den Regeln freiwillig durch das inhaltliche Interesse an der Mitarbeit. Mit den Internationalen Leitlinien wurden Mindestbedingungen für die Anerkennung und Kriterien für die periodische Überprüfung von Biosphärenreservaten festgelegt: In einem Biosphärenreservat sollen nicht nur Natur und Landschaft geschützt, sondern v.a. die wirtschaftliche und gesellschaftliche Entwicklung gefördert sowie Bildung, Forschung und Umweltbeobachtung unterstützt werden. Im anzustrebenden Ideal ergänzen sich alle ökonomischen und ökologischen Maßnahmen. Die

Landschaft im Biosphärenreservat Bliesgau

Einbeziehung der lokalen Bevölkerung ist unerlässlich. In Biosphärenreservaten geht es daher in erster Linie um die Bewahrung der vom Menschen geschaffenen Kulturlandschaften, und nur in geringerem Maße um Naturschutz von Wildnisgebieten. Immer mehr geht es heute auch um Klimaschutz und Anpassung an den Klimawandel. Weitere Schwerpunkte sind die Vermarktung regionaler Produkte und die Förderung des ländlichen Raums vor dem Hintergrund der demographischen Entwicklung.

Der Zustand der Biosphärenreservate wird regelmäßig, in Deutschland alle zehn Jahre, von einem unabhängigen Expertengremium, dem MAB-Nationalkomitee, anhand der nationalen Kriterien als Umsetzung der internationalen Leitlinien und anhand der jeweils individuell formulierten Ziele überprüft. Daraufhin werden Empfehlungen und Verbesserungsvorschläge erarbeitet. Bei mangelhafter Einhaltung der Kriterien kann die Bezeichnung „UNESCO-Biosphärenreservat" aberkannt werden. Über die jeweils nationale Einhaltung der Leitlinien durch die Biosphärenreservate und die MAB-Nationalkomitees wacht der internationale Koordinierungsrat (ICC).

Ziele, Funktionen und Zonen

Biosphärenreservate sollen Modellstandorte zur Erforschung und Demonstration von Ansätzen zu Schutz und nachhaltiger Entwicklung auf regionaler Ebene sein und haben die folgenden drei Funktionen:

- **Schutzfunktion**: Bewahrung von Landschaften, Ökosystemfunktionen, Artenvielfalt und genetischer Vielfalt
- **Entwicklungsfunktion**: Förderung einer wirtschaftlichen und menschlichen Entwicklung, die soziokulturell, ökonomisch und ökologisch nachhaltig ist
- **Funktion der logistischen Unterstützung**: Demonstrationsprojekte, Bildung für nachhaltige Entwicklung, Forschung und Umweltbeobachtung

Zur Umsetzung der verschiedenen Ziele und Funktionen sind Biosphärenreservate - international einheitlich - räumlich in drei Zonen gegliedert:

- **Kernzonen** (core areas): Diese Bereiche eines Biosphärenreservates dienen langfristigem Naturschutz gemäß den Schutzzielen. In Mitteleuropa handelt es sich meist um eher kleine Bereiche, aber auch diese müssen ausreichend groß zur Erfüllung der inhaltlichen Ziele sein. Kernzonen sind in der Regel von jeglicher Nutzung ausgeschlossen und dürfen nur für Forschung oder Monitoring betreten werden.
- **Pflegezonen** (buffer zones): Diese Bereiche sollen die Kernzonen umschließen bzw. an sie so angrenzen, dass kein harter Übergang von Wildnis zu Bereichen üblicher Nutzung besteht. Hier sollen Aktivitäten schonender, naturnaher Landnutzung stattfinden, die mit den Schutzzielen vereinbar sind z.B. schonender Tourismus oder ökologischer Landbau.
- **Entwicklungszonen** (transition areas): In diesen besiedelten und flächenmäßig meist größten Bereichen eines Biosphärenreservats geht es v.a. darum, mit Modellprojekten für eine nachhaltige Bewirtschaftung von Ressourcen zu werben und dies zu fördern.

Nationale Umsetzungen

Die einzelnen Biosphärenreservate verbleiben unter der Hoheitsgewalt des jeweiligen Staates. Im Rahmen der **Internationalen Leitlinien für das Weltnetz der Biosphärenreservate** der UNESCO haben die einzelnen Staaten Spielraum für geeignete Umsetzungen in nationales Recht und andere Maßnahmen.

Deutschland

Biosphärenreservate sind in § 25 des Bundesnaturschutzgesetzes (BNatSchG) definiert als „einheitlich zu schützende und zu entwickelnde Gebiete, die

- großräumig und für bestimmte Landschaftstypen charakteristisch sind,
- in wesentlichen Teilen ihres Gebiets die Voraussetzungen eines Naturschutzgebiets, im Übrigen überwiegend eines Landschaftsschutzgebiets erfüllen,
- vornehmlich der Erhaltung, Entwicklung oder Wiederherstellung einer durch hergebrachte vielfältige Nutzung geprägten Landschaft und der darin historisch gewachsenen Arten- und Biotopvielfalt, einschließlich Wild- und früherer Kulturformen wirtschaftlich genutzter oder nutzbarer Tier- und Pflanzenarten, dienen und
- beispielhaft der Entwicklung und Erprobung von die Naturgüter besonders schonenden Wirtschaftsweisen dienen.“

Diese nationale rechtliche Rahmenregelung eröffnet den einzelnen Bundesländern die Möglichkeit, Biosphärenreservate auszuweisen.Die rechtliche Sicherung in den Ländern geschieht oft entweder als Spezialgesetz oder als Verordnung. Viele Bundesländer haben bereits vor der rahmenrechtlichen Regelung im BNatSchG ihre Biosphärenreservate, z.T. mit Erwähnung der UNESCO-Anerkennung, in ihre Landesnaturschutzgesetze aufgenommen. Eine rechtliche Sicherung auf Landesebene geht heute in Deutschland der UNESCO-Anerkennung voraus. Kernzonen und oft auch Pflegezonen der Biosphärenreservate sollen in Deutschland die Voraussetzungen für ein Naturschutzgebiet mitbringen und im Übrigen überwiegend einem Landschaftsschutzgebiet entsprechen. Wie auch außerhalb von Schutzgebieten gilt für die meisten baulichen oder sonstige Vorhaben die Eingriffs-Ausgleichs-Regelung des Bundesnaturschutzgesetzes. Die Entwicklungsziele der Biosphärenreservate sind bei der Bauleitplanung zu berücksichtigen und müssen in Bebauungsplänen dargestellt und beachtet werden, soweit sie in dem Maßstab eine Rolle spielen. Man spricht hier von einer nachrichtlichen Übernahme.

Schweiz

Auf nationaler Ebene sind in der Schweiz der Nationalpark geschützt und auch die Moore (gemäss Rothenthurm-Initiative, welche eigentlich die Nutzung von Mooren als Waffenplätze verbietet).

Auf kantonaler Ebene sind Flächen als Naturschutzgebiete ausgeschieden, und Private (zum Beispiel pro natura) sind im Besitz von eigenen Reservaten.

Besondere Bezeichnungen

Die Biosphärenreservate werden in Österreich „Biosphärenparks" genannt; einzelne andere Gebiete firmieren unter „Biosphärenregion" oder „Biosphärengebiet"; dies sind aber keine offiziellen Bezeichnungen nach internationalen Standards.

Biosphärenreservate

Deutschland

In Deutschland sind (Stand 2009) 15 nach deutschem Recht als Biosphärenreservat verankerte Gebiete von der UNESCO anerkannt.[2]

- 1979: Biosphärenreservat Vessertal-Thüringer Wald (17.081 ha) (1991 erweitert)
- 1979: *UNESCO-Biosphärenreservat Flusslandschaft Elbe* (278.660 ha), (1997 erweitert) mit den vier Teil-Biosphärenreservaten:
  - Biosphärenreservat Mittelelbe (Sachsen-Anhalt) (126.000 ha)
  - Biosphärenreservat Flusslandschaft Elbe-Brandenburg (53.300 ha)
  - Biosphärenreservat Flusslandschaft Elbe-Mecklenburg-Vorpommern (42.600 ha)
  - Biosphärenreservat Niedersächsische Elbtalaue (56.760 ha)
- 1990: Biosphärenreservat Berchtesgaden (46.710 ha)
- 1990: Biosphärenreservat Schleswig-Holsteinisches Wattenmeer und Halligen (443.085 ha)

Biosphärenreservate in Deutschland

- 1990: Biosphärenreservat Schorfheide-Chorin (129.161 ha)
- 1991: Biosphärenreservat Rhön (184.939 ha)
- 1991: Biosphärenreservat Spreewald, (Brandenburg) (47.492 ha)
- 1991: Biosphärenreservat Südost-Rügen (23.500 ha)
- 1992: Biosphärenreservat Hamburgisches Wattenmeer (11.700 ha)
- 1992: Biosphärenreservat Niedersächsisches Wattenmeer (280.000 ha)
- 1996: Biosphärenreservat Oberlausitzer Heide- und Teichlandschaft (30.094 ha)
- 1998: Biosphärenreservat Pfälzerwald-Vosges du Nord, grenzüberschreitend (deutscher Anteil: 177.842 ha)
- 2000: Biosphärenreservat Schaalsee (30.257 ha)
- 2009: Biosphärenreservat Bliesgau (36.265 ha)
- 2009: Biosphärengebiet Schwäbische Alb (85.300 ha)

Diese 15 Biosphärenreservate zusammen umfassen flächenmäßig etwa 3% des Bundesgebietes.

Eine weitere Region strebt die Anerkennung als UNESCO-Biosphärenreservat an:

- Biosphärenreservat Karstlandschaft Südharz (30.000 ha)

Das Schutzgebiet *Bayerischer Wald* besitzt nicht mehr den Status eines Biosphärenreservats:[3]

- 1981–2006: Biosphärenreservat Bayerischer Wald, siehe auch Nationalpark Bayerischer Wald (13.300 ha)

Österreich

In Österreich gibt es sechs von der UNESCO anerkannte Biosphärenreservate.

* 1977: Neusiedler See (Burgenland)
* 1977: Gossenköllesee (Tirol)
* 1977: Gurgler Kamm (Tirol)
* 1977: Lobau (Wien)
* 2000: Großes Walsertal (Vorarlberg)
* 2005: Wienerwald (Niederösterreich/Wien)

Schweiz

* 1979: Schweizer Nationalpark (Kanton Graubünden, 2010 erweitert um Val Müstair[4])
* 2001: Entlebuch (Kanton Luzern)

Beispiele für die Arbeit von Biosphärenreservaten

Beispielprojekte in Deutschland

* Im Biosphärenreservat Schorfheide-Chorin hat der ökologische Landbau heute 32 Prozent Anteil an der landwirtschaftlichen Fläche. 1993 waren es in der Region nur 5 Prozent. Deutschlandweit sind es heute etwa 6 Prozent.
* „Rhönschaf" und „Rhönapfel" finden in der Region hohen Absatz. 72 Prozent der Bewohner des Biosphärenreservats Rhön sehen durch das Biosphärenreservat Vorteile für ihre Region.
* Das Biosphärenreservat Bliesgau strebt an, eine energieautarke Region zu werden und setzt dabei auf die Nutzung erneuerbarer Energien, aus Biomasse der heimischen Land- und Forstwirtschaft, Wasser-, Wind- und Sonnenkraft.
* Im Biosphärenreservat Flusslandschaft Elbe gibt es die bundesweit größten Projekte, in denen Deiche zurückverlegt werden, um angesichts des Klimawandels den Hochwasserschutz zu verbessern und zugleich Auwäldern ausreichend Raum zu geben.
* Nachhaltigkeit lernen Kinder als Junior-Ranger unter anderem im Biosphärenreservat Schaalsee – sie schützen dort aktiv Fischotter, Seeadler und Kraniche.
* Auf den Halligen im Biosphärenreservat Schleswig-Holsteinisches Wattenmeer wird klimabewusstes Verhalten nachdrücklich gefördert: Jeder Haushalt erhält individuelle und kostenlose Beratung zur Energieeffizienz.
* Im Biosphärenreservat Spreewald wird die Wasserqualität der Gewässer und ihrer Ökosysteme durch hunderte von großen und kleinen Projekten verbessert.
* Das Biosphärenreservat Pfälzerwald und die französischen Nordvogesen haben 1998 das erste grenzüberschreitende Biosphärenreservat der EU gegründet. Heute gibt es mit Mehrwert für die Bewohner beidseits der Grenze deutsch-französische Biosphärenmärkte, koordinierte Wander- und Fahrradwege, Austauschprogramme, zweisprachige Publikationen und den Austausch von Umweltdaten.
* Im Biosphärenreservat Vessertal-Thüringer Wald wird Tourismus im Einklang mit der Natur durch den Ausbau des Öffentlichen Personennahverkehrs, neue Bildungs- und Informationsformen für Urlauber und eine Neukonzeption des Wegenetzes auf 36.680 Hektar gefördert.

Beispielprojekte in Österreich

- Ein Projekt im Biosphärenreservat Gurgler Kamm gab Aufschluss darüber, wie weit die Beweidung durch Pferde und Schafe die Biodiversität und Biomasse im alpinen Raum beeinflusst.
- Ein Biomonitoring der Luftqualität im Biosphärenpark Wienerwald bediente sich Moosen als Bioindikatoren.

Siehe auch

- Biogenetisches Reservat (Europäisches Netzwerk biogenetischer Reservate, eine Initiative des Europarats zur Umsetzung der Berner Konvention)

Literatur

- Deutscher Rat für Landespflege: Biosphärenreservate sind mehr als Schutzgebiet, Bonn, 2010 [5]
- EUROPARC Deutschland: UNESCO Biosphärenreservate, Berlin, 2008 [6]
- Deutsches MAB-Nationalkomitee: Kriterien für Anerkennung und Überprüfung von Biosphärenreservaten der UNESCO in Deutschland, Bonn, 2007 [7]
- Deutsche UNESCO-Kommission: UNESCO-Biosphärenreservate, Modellregionen von Weltrang, Bonn, 2007 [8]
- Deutsches MAB-Nationalkomitee: Voller Leben. UNESCO Biosphärenreservate – Modellregionen für eine nachhaltige Entwicklung. Springer Verlag, ISBN 3-540-20080-0, 314 S, Bonn, 2004
- Markus Rösler: Arbeitsplätze durch Naturschutz am Beispiel der Biosphärenreservate und der Modellregion Mittlere Schwäbische Alb; ISBN 3-9237-55-79-1, 390 S., Hrsg. IG BAU, NABU Baden-Württemberg, Touristikgemeinschaft Schwäbische Alb, 2001
- UNESCO: The Seville Strategy and teh Statutory Framework of the World Network of Biosphere Reserves, Paris, 1996 [9]
- Ingrid Klaffl, Irene Oberleitner, Maria Tiefenbach: *Biogenetische Reservate und Biosphärenreservate in Österreich. (Biogenetic Reserves and Biosphere Reserves in Austria - English Summary)* [10], Wien 1999, (Reports; R-161)

Weblinks

International

- Das Programm „Der Mensch und die Biosphäre" (MAB) der UNESCO [11] – Website des Bundesamtes für Naturschutz
- UNESCO-Biosphärenreservate [12] – Website der Deutschen UNESCO-Kommission
- Das Programm „Der Mensch und die Biosphäre" (MAB) der UNESCO [13] – Website der UNESCO (u.a. in Englisch)
- Liste und Steckbriefe der Gebiete des weltweites Netzwerkes der Biosphärenreservate [14] (englisch)
- Interaktive Weltkarte der Gebiete des weltweiten Netzwerkes der Biosphärenreservate [15] (englisch)
- Übersichtskarte der Gebiete des weltweiten Netzwerkes der Biosphärenreservate [16] (englisch)
- Die Internationalen Leitlinien für das Weltnetz der Biosphärenreservate [17] (PDF-Datei; 173 kB)
- Forschungsprojekt GoBi [18] Weltweite Analyse der Ansätze zum Governance und Management der Biologischen Vielfalt durch Biosphärenreservate (Englisch)
- The Biosphere Tour [19] Bericht über eine Fahrradexkursion zu 17 Biosphärenreservaten in Europa, Nordafrika und Asien von September 2005 bis Juli 2006 (u.a. in Deutsch)

Deutschland

- § 25 BNatSchG [20]* [www.bfn.de/0308_dtschbios.html Übersichtskarte und Steckbriefe der Biosphärenreservate in Deutschland]
- UNESCO-Biosphärenreservate in Deutschland, mit Steckbriefen [21] – Seite der Deutschen UNESCO-Kommission
- [www.europarc-deutschland.de/pages/europarc/wir.htm Gremium, in dem Fachleute aller deutschen Großschutzgebiete zusammenarbeiten]
- [www.freiwillige-in-parks.de/ Das Programm Freiwillige in Parks von EUROPARC Deutschland]
- [www.nationale-naturlandschaften.de/ Unter dem Dach der Nationalen Naturlandschaften vereinen sich die wertvollsten Landschaften Deutschlands]
- [www.NABU.de/imperia/md/content/nabude/naturschutz/schutzgebiete/2.pdf - Positionspapier Biosphärenreservate in Deutschland]

Österreich

- Biosphärenparks Österreich [22]

Schweiz

- UNESCO Biosphäre Entlebuch [23]

Einzelnachweise

[1] Liste der UNESCO-Biosphärenreservate (http://www.unesco.de/1467.html?&L=0) (aufgerufen 30. Juni 2011)

[2] Die deutschen Biosphärenreservate (http://www.unesco.de/br_in_deutschland.html?&L=0) (aufgerufen 28. Mai 2009)

[3] Rede von Staatssekretär Dr. Bernhard (http://www.stmugv.bayern.de/aktuell/reden/detailansicht.htm?tid=12542) – Website des Bayer. Umweltministeriums (aufgerufen 5. November 2007)

[4] Publikation BAFU (http://www.bafu.admin.ch/dokumentation/medieninformation/00962/index.html?lang=de&msg-id=33389)

[5] http://www.landespflege.de/schriften/index.html#bezug

[6] http://www.europarc-deutschland.de/dateien/Broschur_Ausstellg_BR_NNL_Web_P.pdf

[7] http://www.bfn.de/fileadmin/MDB/documents/themen/internationalernaturschutz/BroschKriterienendfass31.10.07.pdf

[8] http://www.unesco.de/fileadmin/medien/Dokumente/unesco-heute/unesco-heute-2-07.pdf

[9] http://unesdoc.unesco.org/images/0010/001038/103849eb.pdf

[10] http://www.umweltbundesamt.at/fileadmin/site/publikationen/R161z.pdf

[11] http://www.bfn.de/0308_bios.html

[12] http://www.unesco.de/biosphaerenreservate.html

[13] http://www.unesco.org/mab/index.shtml

[14] http://www.unesco.org/mab/wnbrs.shtml

[15] http://www.unesco.org/mab/BRs/map.shtml

[16] http://www2.unesco.org/mab/bios1-23.htm

[17] http://www.bfn.de/fileadmin/MDB/documents/0506_leitlinien.pdf

[18] http://www.biodiversitygovernance.de

[19] http://www.biosphere-tour.org/de/

[20] http://bundesrecht.juris.de/bundesrecht/bnatschg_2002/__25.html

[21] http://www.unesco.de/br_in_deutschland.html

[22] http://www.biosphaerenparks.at/biosphaerenparks

[23] http://www.biosphaere.ch/index.html

Nationalpark

Ein **Nationalpark** ist ein klar definiertes, ausgedehntes Gebiet, das durch spezielle Maßnahmen vor schädlichen menschlichen Eingriffen und vor Umweltverschmutzung geschützt wird. Meist sind dies Gebiete, die ökologisch besonders wertvoll sind oder über natürliche Schönheit verfügen und im Auftrag einer Regierung verwaltet werden.

Definition

Gemäß der Definition der Internationalen Union zum Schutz von Natur und natürlichen Objekten (IUCN) sind Nationalparks natürliche Gebiete auf dem Wasser oder dem Land, die vorgesehen sind,

Der Nationalpark Sarek in Schweden ist Europas ältester - und bis heute einer der größten.

- um die Unversehrtheit eines oder mehrerer Ökosysteme zu schützen und für die jetzige und künftige Generationen zu erhalten.
- um Ausbeutung ebenso zu verhindern wie andere Tätigkeiten, die dem Gebiet Schaden zufügen.
- um eine Basis zur Spiritualität, Forschung, Schulung, Erholung und Besichtigung zur Verfügung zu stellen, die ökologisch und kulturell vereinbar ist.

Das Naturschutzrecht der verschiedenen Staaten hat daneben eigene Definitionen.

Der Teide Nationalpark (Spanien) ist einer der meistbesuchten in Europa.

Abgrenzung

Die Natur wird in einem Nationalpark nicht unbedingt sich selbst überlassen, sondern es erfolgen regulierende Eingriffe, wenn dies nach wissenschaftlicher Forschung und Überwachung nötig ist, um die Artenvielfalt zu maximieren oder seltenere Arten zu begünstigen.[1] Damit unterscheidet sich ein Nationalpark von einem Totalreservat.

Beispiele für Maßnahmen in Nationalparks

- Bestandsregulierung von Wild
- Erhalt von Kulturlandschaften (Wiesen, die sich ohne laufende Pflege zu einem Wald entwickeln würden)
- Eliminierung von eingeschleppten, nicht heimischen Arten
- Wiederansiedlung von lokal ausgerotteten Arten
- Veränderung von Gewässern, um eine Verlandung zu verhindern oder um sie in einen natürlicheren Zustand zu versetzen (wenn sie vor Gründung des Nationalparks durch den Menschen beeinträchtigt wurden)

Die gezielten Eingriffe in die Natur werden für notwendig erachtet, um das durch den Menschen gestörte ökologische Gleichgewicht wieder herzustellen und ggf. zu erhalten. Maßnahmen zur Erhaltung des Gleichgewichts sind nötig, wenn das Ökosystem durch den Menschen wesentlich verändert wurde (Ausrottung von großen Raubtieren oder Veränderung des Salzgehalts eines Sees) und diese Veränderung nicht rückgängig gemacht werden kann. Andere Eingriffe sollen dazu dienen, eine Vielfalt an Biotopen zu erhalten und seltene oder vom Aussterben bedrohte Arten durch künstlich verbesserte Bedingungen zu retten. Auf bis zu 25% der Fläche eines Nationalparks ist sogar eine wirtschaftliche Nutzung erlaubt[2] (Jagd, Fischerei, Landwirtschaft, Entnahme von Brennholz). Im Unterschied zu einem Naturpark oder Landschaftsschutzgebiet haben in einem Nationalpark jedoch nicht die Bedürfnisse der Menschen sondern die der Natur Vorrang.

Nebst dem Schutz von Naturobjekten gibt es Möglichkeiten, Gebiete von spezieller kultureller, wissenschaftlicher oder historischer Bedeutung zu schützen. Einige dieser Gebiete wurden beispielsweise von der UN-Organisation für Bildung, Wissenschaft und Kultur (UNESCO) zum Weltnaturerbe erklärt.

Zweck der Nationalparks

Nationalparks befinden sich meist in abgelegenen, kaum besiedelten Gebieten und beheimaten oft außergewöhnlich viele verschiedene heimische Tier- und Pflanzenarten, die teilweise bedroht sind. Diesen soll in Nationalparks eine Umgebung gewährt werden, die ihr langfristiges Überleben sicherstellt. Manchmal umfassen Nationalparks auch Mineralien oder seltene geologische Objekte, wie zum Beispiel die Geysire und Heißen Quellen des Yellowstone-Nationalparks.

Grand Geysir im Yellowstone-Nationalpark (Wyoming)

Andererseits werden Nationalparks in stärker bevölkerten Regionen errichtet, um diese in einen natürlicheren Zustand zurückzuversetzen. In einigen Ländern wie England und Wales gehören Nationalparks weder der Regierung noch sind sie unberührte Wildnis. Vielmehr können sie menschliche Siedlungen enthalten, die ihr Land nutzen. In Afrika dienen Nationalparks hauptsächlich als Wildreservat, in Asien eher wissenschaftlichen Zwecken. Nordamerika bietet klassische Nationalparks zu Erholungs- und Erkundungszwecken an, bei denen Auswirkungen des Massentourismus eine Gefahr für den Naturschutz darstellen.

Die meisten Nationalparks dienen nicht nur dem Schutz von Pflanzen und Tieren sondern gleichzeitig auch der Erholung von Menschen. Dabei kann es zu Konflikten kommen, besonders bei sehr stark besuchten Nationalparks, da sich durch den Kontakt mit Menschen die Fluchtdistanz der Tiere verringert (Nationalparkeffekt)[3] . Andererseits können die Nationalparks mit den Touristeneinnahmen Schutzmaßnahmen für Tiere und Pflanzen finanzieren und es wird gehofft, dass die Besucher durch das Naturerlebnis eine positive Einstellung gegenüber dem Naturschutz gewinnen. Für die Nationalpark-Verwaltungen ist es eine schwierige Herausforderung, die Balance zwischen dem Schutz von Naturgütern und deren öffentlicher Zugänglichkeit zu finden.

Wattamolla Strand im Royal National Park, Australien

Eine andere Herausforderung ist die Überwachung des Nationalpark-Gebiets. Besonders in Ländern mit weit verbreiteter Armut kommt es in Nationalparks immer wieder zu illegalen Holzfällungen und zu Wilderei.

Für die Informations- und Bildungsarbeit in Nationalparks ist im US National Park Service um 1950 das Konzept der Heritage Interpretation entwickelt worden, nach dem heute weltweit auch viele andere besucherorientierte Einrichtungen arbeiten.

Geschichte der Nationalparks

Die Idee, eine besonders schützenswerte Naturlandschaft insgesamt unter Schutz zu stellen, entstand schon im frühen 19. Jahrhundert. Der englische Poet William Wordsworth forderte dies 1810 ebenso wie der amerikanische Maler George Catlin 1832 und der schwedische Baron Adolf Erik Nordenskiöld 1880. Ihr Gedanke war, die Wunder der Natur zu bewahren, damit auch nachfolgende Generationen sich an ihnen erfreuen und sich hier erholen können. 1864 wurde auf Betreiben des Naturschützers John Muir das erste Schutzgebiet definiert - im heutigen Yosemite-Nationalpark (Kalifornien) -, das aber erst 1906 in das entstehende Nationalparksystem eingegliedert wurde. Der erste

Mount Ruapehu im Tongariro-Nationalpark

Nationalpark wurde 1872 mit dem Yellowstone-Nationalpark ebenfalls in den USA gegründet. Im Gegensatz zur Yosemite-Schutzzone unterstand der Yellowstone-Nationalpark nicht der Verantwortung des Bundesstaates, sondern direkt der US-Regierung. 1916 wurde der National Park Service als eigenständige Behörde des Innenministeriums ins Leben gerufen.

Die Länder Kanada, Australien und Neuseeland folgten bald mit der Errichtung von Nationalparks, da hier noch große Gebiete unberührter Natur existierten, die relativ einfach geschützt werden konnten. 1879 gründete Australien den Royal-Nationalpark, 1887 Kanada den Banff-Nationalpark (damals unter dem Namen *Rocky Mountain National Park*) und Neuseeland im selben Jahr den Tongariro-Nationalpark.

In Europa wurden die ersten Nationalparks 1909 in Schweden errichtet und 1914 in der Schweiz. Vor allem nach dem Zweiten Weltkrieg etablierte sich die Nationalpark-Idee, und heute existieren in etwa 120 Ländern mehr als 2.200 Nationalparks. Die landschaftliche Vielfalt der Gebiete ist enorm und umfasst fast alle Landschaftstypen.

In Deutschland wurde mit dem Nationalpark Bayerischer Wald der erste Nationalpark erst 1970 errichtet. 1978 folgte der Nationalpark Berchtesgaden, der Königssee und Watzmann umschließt. 1985 und 1986 wurden die Küstenbereiche des deutschen Wattenmeers als Nationalparks ausgewiesen. In der DDR gab es bis kurz vor der Wende keine Nationalparks. Rund 15% der Landesfläche waren aber

Pleschtschejewo-See in Russland, Nationalpark seit 1988

öffentlichem Zugang versperrt und wiesen fast unberührte Landschaften auf. In den Umbruchszeiten der Wende wurden 1990 noch vor der Wiedervereinigung fünf Nationalparks in der Noch-DDR umgesetzt. Seitdem kamen bis 2004 sechs weitere Nationalparks hinzu, die Errichtung eines Parks „Elbtalaue" scheiterte 1999. Seit 2006 die beiden Nationalparks im Harz zu einem gemeinsamen Nationalpark Harz fusionierten, bestehen in Deutschland 14 Nationalparks. Seit den 1970er Jahren ist allerdings umstritten, ob die in der Bundesrepublik festgesetzten Nationalparks den internationalen Anforderungen der IUCN entsprechen.[4] Ein erstes offizielles Zertifikat erhielt 2011 der Nationalpark Kellerwald-Edersee.[5]

Interessant ist die Entstehungsgeschichte des Royal-Nationalpark in Australien, der mit 154.42 km² Fläche größtenteils auf dem Stadtgebiet der Millionenstadt Sydney liegt und der zweitälteste Nationalpark der Welt ist. Er wurde im Jahre 1879 kurzerhand aus wirtschaftlichen Gründen errichtet, nachdem in dem Gebiet Kohlevorkommen entdeckt wurden und politisch einflussreiche Minenbesitzer des *Outbacks* eine Konkurrenz vor den Toren der Stadt fürchteten. Auf diese Weise blieb ein Juwel größtenteils unberührter Natur erhalten.

Heute wird der Naturschutz weltweit von der IUCN koordiniert. Die IUCN organisiert alle zehn Jahre einen internationalen Kongress (*World Parks Congress*), an dem Strategien zum Naturschutz in Nationalparks festgelegt werden. Der letzte Kongress fand 2003 in Durban (Südafrika) statt.

Literatur

- EUROPARC Deutschland: Qualitätskriterien und -standards für deutsche Nationalparks, Berlin, 2009, Download unter http://www.europarc-deutschland.de/broschueren
- Henry Makowski: *Nationalparke in Deutschland. Schatzkammern der Natur, Kampfplätze des Naturschutzes.* Wachholtz, Neumünster 1997, ISBN 3-529-05322-8
- EUROPARC Deutschland (früher FÖNAD) *Studie über bestehende und potentielle Nationalparke in Deutschland*, Landwirtschaftsverlag, Münster 1997, ISBN 3-89624-307-1
- Hans Bibelriether (Hrsg.): *Naturland Deutschland: Freizeitführer Nationalparke und Naturlandschaften*, Kosmos, Stuttgart 1997, ISBN 3-440-07207-X
- Hans Bibelriether, Rudolf L. Schreiber (Hrsg.): *Die Nationalparke Europas*, Süddeutscher Verlag, München 1989, ISBN 3-7991-6319-0

Weblinks

- Nationalpark-Definition des IUCN [6] (englisch)
- EUROPARC Deutschland [7]
- Nationale Naturlandschaften [8]
- Datenbank der weltweit geschützten Gebiete gemäß dem UN-Umwelt-Programm [9] mit Suche und Karte (englisch)
- Nationalparks Europa [10] (Google Maps)

Einzelnachweise

[1] Beispiele für regulierende Eingriffe in Nationalparks siehe in Leistungsbericht der Nationalpark Donau-Auen GmbH 1997–2006 (http://www.donauauen.at/files/255_10-Jahre-NPDonauauen.pdf) und Flächenmanagement im Nationalpark Neusiedlersee - Seewinkel (http://www.nationalpark-neusiedlersee-seewinkel.at/fmanagement/flaechenmanagement.html)

[2] Nationalparks in Austria (http://www.umweltbundesamt.at/fileadmin/site/umweltthemen/naturschutz/NSG-NP-RZ2.pdf), S. 3 (PDF-Broschüre vom österreichischen Umweltbundesamt)

[3] (http://www.zwangsbejagung-ade.de/naturohnejagd/nationalparkeffekt/index.html) Prof. Dr. Hans-Heiner Bergmann zum Nationalparkeffekt, abgerufen am 5. November 2010

[4] Sachverständigenrat für Umweltfragen, Gutachten 1978, BT-Drs. 8/1938 (http://dip21.bundestag.de/dip21/btd/08/019/0801938.pdf), Rn 1255 ff.

[5] NABU-Pressedienst Hessen: *Wildnis auf über 75 Prozent der Fläche - Nationalpark Kellerwald ist nun IUCN-zertifiziert* (http://hessen.nabu.de/modules/presseservice/index.php?popup=true&db=presseservice_hessen&show=375). Abgerufen am 13. März 2011.

[6] http://www.iucn.org/about/work/programmes/pa/pa_products/wcpa_categories/pa_categoryii/

[7] http://www.europarc-deutschland.de

[8] http://www.nationale-naturlandschaften.de

[9] http://protectedplanet.net/

[10] http://geospot.eu/index.php?option=com_google_maps&category=145&Itemid=193

Sudeten

<table>
<tr><td colspan="2" align="center">Sudeten</td></tr>
<tr><td colspan="2">
Altvater</td></tr>
<tr><td>Höchster Gipfel</td><td>Schneekoppe (1602 m n.p.m.)</td></tr>
<tr><td>Lage</td><td>Polen, Tschechien, Deutschland</td></tr>
<tr><td>Koordinaten</td><td>50° 44′ N, 15° 44′ O [1]Koordinaten: 50° 44′ N, 15° 44′ O [1]</td></tr>
</table>

Die **Sudeten** (tschechisch *Krkonošsko-jesenická subprovincie* oder seltener auch *Sudety*, polnisch *Sudety*) sind ein Gebirgszug, der die nordöstliche Umrandung des Böhmischen Beckens zwischen dem Zittauer Becken und der Mährischen Pforte bildet. Er ist 310 km lang und 30 bis 45 km breit. Die höchste Erhebung der Sudeten ist die Schneekoppe im Riesengebirge mit 1602 Metern ü. NN.

Hauptkamm des Riesengebirges

Gliederung

Die Sudeten werden in drei Hauptabschnitte (West-, Mittel- und Ostsudeten) gegliedert, die wiederum in weitere Untereinheiten unterteilt sind (siehe Skizze und Tabelle).

Die *Westsudeten* sind der westliche Teil des Gebirgszuges und gehören zu Deutschland, der Tschechischen Republik und Polen. Die höchste Erhebung – zugleich der gesamten Sudeten – ist die Schneekoppe mit 1602 Metern.

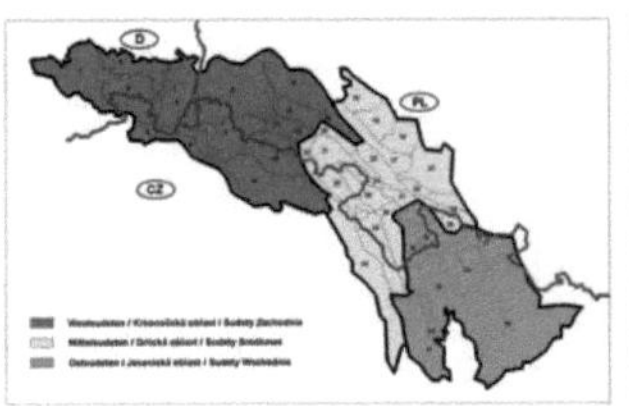

Die Gliederung der Sudeten

Die *Mittelsudeten* sind das Teilgebirge um die Stadt Waldenburg in Polen. Bedeutende Steinkohlevorkommen finden sich im *Waldenburger Bergland* und im *Eulengebirge*. Die höchste Erhebung ist die Deschneyer Großkoppe im Adlergebirge mit 1115 Metern.

Die *Ostsudeten* (auch *Gesenke*, tschechisch: *Jeseníky*) sind das Teilgebirge in Schlesien und Mährisch-Schlesien, Tschechien. Die höchste Erhebung ist der Altvater (tschechisch Praděd, Aussprache: [ˈpraɟɛt], polnisch *Pradziad*) mit 1492 Metern.

Zwischen den Gebirgszügen befinden sich verschiedene Kessellandschaften; zum Beispiel das Hirschberger Tal und der Glatzer Kessel.

Nr.	Deutsch	Tschechisch	Polnisch
	Westsudeten	**Krkonošská oblast/ Západní Sudety**	**Sudety Zachodnie**
1	Westlausitzer Hügel- und Bergland	Západolužické podhůří	Pogórze Zachodniołużyckie
2	Oberlausitzer Gefilde	Lužická niva	Płaskowyż Budziszyński
3	Lausitzer Bergland	Šluknovská pahorkatina/ Lužická hornatina	
4	Östliche Oberlausitz	Žitavská pánev/ Liberecká pánev	Obniżenie Żytawsko-Zgorzeleckie
5	Lausitzer Gebirge/ Zittauer Gebirge	Lužické hory	Góry Łużyckie
6	Isergebirgs-Vorland	Frýdlantská pahorkatina	Pogórze Izerskie
7	Isergebirge	Jizerské hory	Góry Izerskie
8	Jeschken-Kosakow-Kamm	Ještědsko-kozákovský hřbet	Grzbiet Jesztiedzki
9	Bober-Katzbach-Vorgebirge	Kačavské podhůří	Pogórze Kaczawskie
10	Katzbachgebirge	Kačavské hory	Góry Kaczawskie
11	Hirschberger Tal	Jelenohorská kotlina	Kotlina Jeleniogórska
12	Landeshuter Kamm	Janovické Rudavy/ Janovické rudohoří	Rudawy Janowickie
13	Riesengebirge (einschließl. Rehorngebirge)	Krkonoše	Karkonosze
14	Riesengebirgs-Vorland	Krkonošské podhůří	Podgórze Karkonoskie
15			Pogórze Wałbrzyskie
	Mittelsudeten	**Orlická oblast/ Střední Sudety**	**Sudety Środkowe**
16	Striegauer Berge		Wzgórza Strzegomskie
17			Obniżenie Podsudeckie
18			Równina Świdnicka
19	Zobtengebirge		Masyw Ślęży
20	Waldenburger Bergland	Valbřišské hory	Góry Wałbrzyskie
21	Waldenburger Bergland (einschl. Rabengebirge)	Javoří hory/Vraní hory	Góry Kamienne
22	Liebauer Tor	Broumovská vrchovina	Brama Lubawska
23	Eulengebirge	Soví hory	Góry Sowie
24	Neuroder Senke		Obniżenie Nowej Rudy

25	Steinetal	Broumovská vrchovina	Obniżenie Ścinawki
26	Heuscheuergebirge/ Politzer Bergland	Broumovská vrchovina	Góry Stołowe
27			Wzgórza Niemczańsko-Strzelińskie
28	Weidenauer Tiefland	Vidnavská nížina	Obniżenie Otmuchowskie
29	Weidenauer Hügelland	Vidnavská nížina	Przedgórze Paczkowskie
30	Friedeberger Bergland	Žulovská pahorkatina	Przedgórze Paczkowskie
31	Warthagebirge		Góry Bardzkie
32	Glatzer Kessel	Kladská kotlina	Kotlina Kłodzka
33	Habelschwerdter Gebirge	Bystřické hory	Góry Bystrzyckie
34	Adlergebirge	Orlické hory	Góry Orlickie
	Ostsudeten	**Jesenická oblast/ Východní Sudety**	**Sudety Wschodnie**
35	Reichensteiner Gebirge	Rychlebské hory	Góry Złote
36	Glatzer Schneegebirge (einschl. Bielengebirge)	Králický Sněžník	Masyw Śnieżnika
37	Zuckmanteler Bergland / Oppagebirge	Zlatohorská vrchovina	Góry Opawskie
38	Altvatergebirge (Hohes Gesenke)	Hrubý Jeseník	Wysoki Jesionik
39	Hannsdorfer Bergland	Hanušovická vrchovina	
40	Müglitzer Furche	Mohelnická brazda	
41	Hohenstädter Bergland	Zábřežská vrchovina	
42	Niederes Gesenke	Nízký Jeseník	Niski Jesionik

Charakteristik

In Tallagen herrscht Mischwald vor. Ab 600 m findet sich Fichtenwald. Ab 1200 Metern (Waldgrenze) wird Almwirtschaft betrieben, gelegentlich finden sich Hochmoore.

Die niederschlagsreichen Sudeten sind eine bedeutende Wasserscheide. Wichtige Quellflüsse sind die Elbe (*Labe*) und die Oder (*Odra*). Der Norden wird über die Oder zur Ostsee, der Süden über die Elbe zur Nordsee und der Südosten über die March (*Morava*) zur Donau (*Dunaj*) ins Schwarze Meer entwässert. Schneesichere Winter sind die Grundlage für ein bedeutendes Wintersportgebiet (besonders das Riesengebirge). Auch Wander- und Erholungstourismus sind wichtige

Blick entlang des Riesengebirgshauptkammes von der Schneekoppe Richtung Grenzbauden

Bereiche. Traditionelle Erwerbszweige sind Weberei, Glasherstellung, Papierindustrie und Textilindustrie.

Geschichte des Begriffes

Der Name *Sudeten* wurde von der Bezeichnung *Soudeta ore* (deutsch *Wildschweinberge*) abgeleitet, die der griechische Geograph Claudius Ptolemäus im Jahre 150 für die heutigen nördlichen tschechischen Gebirge verwendete.

Nach den Sudeten wurde zwischen 1918 und 1938 die deutsche Minderheit in der Tschechoslowakei, die Sudetendeutschen, benannt. Ihr Siedlungsgebiet wurde Sudetenland genannt, umfasste aber nicht nur das Gebiet der Sudeten, sondern das gesamte Grenzgebiet der Tschechoslowakei zum Deutschen Reich und Österreich.

Nach dem Zweiten Weltkrieg vermied man in der Tschechoslowakei den Begriff *Sudety* und sprach eher von der *Krkonošsko-jesenická subprovincie* (etwa *Bereich Riesengebirge-Altvatergebirge*), um eine klangliche Nähe des Begriffs zur sudetendeutschen Minderheit zu umgehen.

Im Bereich der Geowissenschaften ist der Begriff "Sudeten", meist in Wortverbindungen, ein gängiger Terminus. Als bekannte Beispiele gelten die nördliche Struktureinheit des Böhmischen Massivs, die man als *západosudetská oblast* (Westsudetische Zone) bezeichnet oder die Westsudetische Insel (*západosudetský ostrov*). Die *západosudetská oblast*, ein regionalgeologischer Abschnitt, umfasst das Riesen- und Isergebirge sowie Teile der Lausitz. Für lithofazielle Einheiten permischen Alters im Vorland dieser Gebirge ist der Begriff *sudetské mladší paleozoikum* (Sudetisches Jungpaläozoikum) gängig. Eine andere geologische Struktureinheit von herausgehobener Bedeutung ist das Innersudetisches Becken (tschechisch *vnitrosudetská pánev*; polnisch *Niecka śródsudecka*). Weitere Verwendungen für spezielle Zwecke sind üblich (sudetské fáze / Sudetische Phase [des Variszikums]). Die Nutzung des Begriffes "Sudeten" ist in der Fachsprache tschechischer Geowissenschaftler in Kontinuität und diesbezüglich über die Landesgrenzen hinaus anerkannter Stand der Wissenschaft.[2] [3] [4] [5]

Literatur

- Walther Dressler: *Die Schlesischen Gebirge*, Band 1, Riesen- und Isergebirge, Bober-Katzbach-Gebirge, Landeshuter Bergland; Storm Reiseführer; Berlin 1931
- Bernhard Pollmann: *Riesengebirge mit Isergebirge*, Rother Wanderführer; München 1996, ISBN 3-7633-4222-2

Einzelnachweise

[1] http://toolserver.org/~geohack/geohack.php?pagename=Sudeten&language=de¶ms=50.7361111111_N_15.
      74_E_dim:310000_region:PL_type:mountain(1602)

[2] Ivo Chlupáč et al.: *Geologická minulost České Republiky*. Praha (Academia) 2002. S. 14, 173, 187, 209, 265 ISBN 80-200-0914-0

[3] Vnitrosudetské pánev, Beschreibung auf der Webpräsenz der Masaryk-Universität in Brno (http://pruvodce.geol.cechy.sci.muni.cz/
      regionalni_geol/vnitrosudetska_panev.htm)

[4] Permokarbonské vnitřní molasové pánve. Beschreibung auf der Webpräsenz der TU Ostrava, Ingenieurgeologisches Institut (http://geologie.
      vsb.cz/reg_geol_cr/7_kapitola.htm)

[5] Geopark VNITROSUDETSKÁ PÁNEV VIŽŇOV (Webpräsenz der Grundschule Mezimĕstí), 2010 (http://www.skola.mezimesti.cz/
      305-geopark-viznov/geopark-vnitrosudetska-panev-viznov-slavnostne-otevren/)

Article Sources and Contributors

Anzucht_(Hohlraum) *Source*: http://de.wikipedia.org/w/index.php?title=Anzucht_%28Hohlraum%29 *Contributors*: AHZ, JCS, Lirum Larum, Pessottino, 1 anonymous edits

Riesengebirge *Source*: http://de.wikipedia.org/w/index.php?title=Riesengebirge *Contributors*: 2000, 3ecken1elfer, 4tilden, AHZ, APPER, Ablaubaer, Abrakadabra, Acf, AlMa77, Alofok, Andreasen, Androl, Angelika Lindner, Asaf, BKD, Baird's Tapir, Bdk, Beat22, Beppone, Brummfuss, CSI:Nürnberg, Cethegus, Cetinmercan, Chr95, Chrisha, CommonsDelinker, Crux, Cäsium137, Denis Barthel, Dietzel, Don Magnifico, DynaMoToR, Ejdzej, El Torres, ElbHein, Emmridet, Engie, Eynre, Finte, Florian.Keßler, Fransvannes, Fristu, Geof, Goliath613, Goodgirlnow, Hannibal21, Head, HerrJ, Herzi Pinki, Historyk, Hotti4, House1630, Hunne, Hydro, I Like Their Waters, Ice Boy Tell, Iclandicviking, Ilja Lorek, J.p.suess, Jadran91, Jed, Jo Weber, Johnny Controletti, Jorges, JuTa, KUI, Karasek, Karl Gruber, Kibert, Kipferl, Knarf-bz, Knud Heinrich, Krakonos, Krawi, Kurt Jansson, Kwerdenker, LabFox, Lady Sheila, Langec, Lawa, Libro, Lley, Louisana, Lutan, Lysippos, Magadan, Magnummandel, Magnus, Meichs, MichaK, Mmaddin, Mouagip, Mwieland, Nepomucki, Nerd, Norbert Kaiser, Olaf1541, Paelzeur, Parrho, Peng, Peter200, Philipd, Philipendula, Pittimann, Pne, Queryzo, Ralf Hartau, Ralf Roletschek, Raymond, RedfOx, Regiomontanus, Ri st, Richard Huber, Rl, Rojo, Rolf-Dresden, Roll-Stone, S.lukas, Sagittarius Albus, San Jose, Sasik, Savin, Schubbay, Seewolf, Shadak, Slimguy, Southpark, Starysion, Stefan Kühn, Sven-steffen arndt, Svíčková, Swierk, Thomasgraz, Thorsten1, Tilo, Tohma, UlrichAAB, Vaclav.reif, Video2005, Voyager, W!B:, Wirthi, Yoursmile, Zenit, 147 anonymous edits

Isergebirge *Source*: http://de.wikipedia.org/w/index.php?title=Isergebirge *Contributors*: AHZ, Aeggy, Aka, Alma, Arbeo, Bernd Bergmann, Bjoern.Hoernitz, Björn.Hörnitz, Booklovers, Cetinmercan, Chrisha, Commander.Spike, Daondo, Dietrich, Dolos, ElbHein, Florian.Keßler, Grey Geezer, Haneburger, Hejkal, Herzi Pinki, Hewa, Hydro, Iclandicviking, Inkowik, JanSuchy, Jbergner, JiriCeiver, JuTa, KUI, Ketamin, Lawa, Leshonai, Lysippos, Magadan, Mazbln, Meichs, Mink95, Nepomucki, Nolispanmo, Nothere, Ole62, Onkelkoeln, Ottomanisch, Pickelhaube, Pirnscher Mönch, Pudelek, Ralf Hartau, Ralf Roletschek, Rolf-Dresden, Savin, SchiDD, Schubbay, Sipalius, Slimguy, Svíčková, Zinnmann, Zollernalb, Zoupmon, 33 anonymous edits

Freiberg *Source*: http://de.wikipedia.org/w/index.php?title=Freiberg *Contributors*: 1001, 217, 32X, 7Pinguine, AFZ, AHZ, ALoK, Acf, Ahellwig, Ahoerstemeier, Air Check One, Aka, AlMa77, Alfred Nobel, Alma, AlphaCentauri, Amaranth19, Amurtiger, Andre Kaiser, AndreasPraefcke, Andy king50, Ankid, Anselm Schmidt, Antonsusi, Aquaria85, Aridic, Armin P., Avjoska, BKSlink, BLueFiSH.as, Bagl-d, Bananenfalter, Benjamin Karabinski, Benutzer20070331, Binhard1613, Blatand, Blaufisch, BrThomas, Brackenheim, Bubo bubo, C.wolke, Canislupus, Casiosmu, Casparus, Ceins, Ch ivk, Chefbiograph, Chleo, Chrisfrenzel, ChristianBier, Complex, Conny, Conversion script, Crensch, Crux, D.Viertel, Dafox, Damato, Darrit, Dazzing, Der Wolf im Wald, Dermartinrockt, Dishayloo, Donny, Dr.cueppers, Dundak, DynaMoToR, ElRaki, Elbebiber, ErikDunsing, Faigl.ladislav, Felistoria, Fomafix, Frank Murmann, FranzKK, Freiherr von Cohiba, Frinck, GC-Chris, Goliath613, Gregor Bert, Gunnar.Kaestle, Gussstahl, HaSee, Hadhuey, HaeB, Hansele, Happe, HeBB, Heathen.chemist, Hedwig in Washington, Hejkal, Henning.Schröder, Hennix, Henriette Fiebig, Hermannthomas, Hhdw, Holger I., Hweckbrodt, Hydro, Inkowik, Interpretix, Iro-Iro, J-freiberg, Jed, Jkbw, Joeb07, Jofi, Jpp, JuergenL, Jón, Karlik, Kasimirflo, Katharina, Kedo, Knarf-bz, Kolossos, Kr51-2, Krauterer, Kresspahl, Krissl, Krtek76, Kubieziel, LIU, LKD, Larimda, Le Corbeau, Leit, Lektor leipzig, Leonardo, Leppus, Liesel, Lipstar, Literat222, Lofor, Ludger1961, Luestling, LugPaj, Löschfix, MAY, MCX, MFM, MKir 13, MR61169, Manfi.B., Markscheider, Markus Schweiß, Marve, Media lib, Mediocrity, Meinhold, Menzer, Michael Kümmling, Michael Sander, Michael Schubart, Miebner, Mihewag, Mikefire, Minderbinder, Mogelzahn, MrsDepp, Napa, Ne discere cessa!, Nirakka, Niteshift, Noddy93, Noli me spamere, Nordgau, Ollemarkeagle, Ot, Owsley23, Paddy, PanchoS, PaterMcFly, Paterbrown, Paulis, Perotin, Pessottino, Peter200, Pflastertreter, Pirnscher Mönch, Pittimann, Platte, Plehn, Pm, RME2010, Randbewohner, Rauenstein, Rdb, Rdennis, RedfOx, Regi51, Reinhard Kraasch, Rolf-Dresden, Rosenzweig, S-Bahnstefel, SC-Chris, Sa-se, Saperaud, Schaefbo, Schaengel89, Schewek, Schiwago, Schubbay, Schweikhardt, Seir, Sewa, Segureka, Shelog, Sinn, Ska13351, So1eda, Sommerkom, Sporttasche, Spuk968, Steelsmith, Stefan Kühn, Stern, SteveK, Striegistaler, Succu, Suirenn, Synapsos, Syrcro, THOMAS, TMg, Taxiarchos228, Tcgreg99, Thomas Seidel, Tintenfischsee, Torsten Schleese, Tsor, Tsui, UHT, Ulkie, Unukorno, UteF, Uwe Gille, Verita, WHVer, Waelder, Wasseralm, Wiegels, Wikiabg, Wikifreund, Windharp, X-Weinzar, YourEyesOnly, Zaungast, Zebra848, Zeuke, Zwoenitzer, Äbäläfuchs, 285 anonymous edits

Naturschutz *Source*: http://de.wikipedia.org/w/index.php?title=Naturschutz *Contributors*: A.Savin, AGA, Ad.ac, Addicted, Aglarech, Aka, Alfie66, Alkab, Alkibiades, Aloiswuest, Amwyll Rwden, AnBuKu, Andrsvoss, Anneke Wolf, Arcy, Armin P., Autor3000, Barbulo, Baumfreund-FFM, Bdk, Bergfalke2, Berliner Schildkröte, Biss01, Blaumeise, Blortz, Braveheart, Brummfuss, Btr, Bücherhexe, C.Löser, Chesk, Ckeen, Conny, Corny, DER UNFASSBARE, Deltongo, Density, Der kleine grüne Schornstein, Der.Traeumer, DerHexer, Diba, Don Magnifico, Duepmeier, Emkaer, Emma7stern, Engelbaet, Ercas, Eryakaas, Euphoriceyes, Felix Blum, Fiat tux, Filzstift, Fmrauch, Forevermore, Friedjof, Gamma9, Gerbil, Geschichtsfan, Gleiberg, Greenhorn, H-stt, HaeB, Helm, Herr Andrax, Herr Meier, Herrick, Howwi, Hydro, Invisigoth67, J.-H. Janßen, Jawi1962, Jergen, KV588, Karl-Henner, Kathodenstrahler, Kku, Krawi, Kristjan, LKD, La Corona, Lbvlbv, Lienhard Schulz, Ludwig Trepl, M mb, Marcika, Mario Sedlak, Marjallche, Maus-78, Meloe, Micha L. Rieser, Mike Krüger, Nicolas17, Nicor, Nightflyer, Nikkis, Noot, O.Koslowski, Obstschnitte, Otto, Owltom, Pfeifadeggl, PhJ, Philipp Wetzlar, Pittimann, Polentario, Praktikantbmu, Reinhard Wenig, Ri st, RitaC, Rr2000, Rufus46, Sargoth, Satyrios, Schewtschenkow, Schlurcher, Schwabenschwuchtel, Schwäbin, Scisi, Shore3, Shui-Ta, Sigune, Silberštejn, Sinn, Sprachpfleger, Spuk968, StephanK, Stephele, Stupid girl, Suneschi, Superheld, Suricata, Sverrir Mirdsson, Szeneca, THWZ, Taivo, Tanemahuta, Thomas Schultz, Thorbjoern, Tilla, Tilman Kluge, Tinz, Tschäfer, Tönjes, Tütenkraft, Ulitz, Umweltschützen, Uwe.schlegelmilch, W!B:, Wikiagogiki, Wkpd, Wolf32at, Wst, XenonX3, Zykure, Ökologix, 156 anonymous edits

Biosphärenreservat *Source*: http://de.wikipedia.org/w/index.php?title=Biosph%C3%A4renreservat *Contributors*: Addicted, Africajuli, Aka, Alexander Z., Andy429, Anitagraser, Aschd, Atamari, Aurevilly, BLueFiSH.as, BRME, Bdk, Bergfalke2, Bernhard55, Blasewitzer, Blunt., Boonekamp, Brummfuss, Carstor, Celtic1, Centic, Centipede, ChristophDemmer, Conny, Deltongo, Drifty, Duesi, E.Biermann, Elch33, Elekhh, ErikDunsing, Euphoriceyes, Fgrassmann, Flominator, Focus mankind, Forevermore, Geiserich77, Gerhardvalentin, Gsigsi, Hydro, Inkowik, Irene Obetzhofer, Jamcelsus, Johanna R., JuTa, Jungsystems, Junkermike, KaiKemmann, Karl Gruber, Keimzelle, Kku, Kpjas, Lantus, Lc95, Lencer, Lienhard Schulz, Lmoeller, Lpz1976, MFM, Marfly, Mediocrity, Mg-k, Mike Krüger, Mikue, Minotauros, Nb, Nothere, Oberfoerster, Odin, Orwlska, Otto, Patrice77, Pikku, Pittimann, RalfZi, Ronk, Sansculotte, Schaengel89, Seewolf, SlartibErtfass der bertige, Spuk968, Start-Team, Steffen, TAxel, Talaris, Tamarit, Tara2, Tarboler, TheK, Toter Alter Mann, Ulikat, W!B:, Wiegels, Wikipaule, Zahnstein, Zaungast, 86 anonymous edits

Nationalpark *Source*: http://de.wikipedia.org/w/index.php?title=Nationalpark *Contributors*: -donald-, 2000, A.Savin, ALE!, Abrakadabra, Aconcagua, Ahoerstemeier, Aka, Alinc07, Andre Engels, Andy king50, Anitagraser, Armin P., Atamari, Azim, Bdk, Bent, Blasewitzer, Boonekamp, Bouwe Brouwer, Brummfuss, C.Löser, Capriccio, CarstenK, Cat, Centic, Chile1853, Chrisfrenzel, Christian Günther, Complex, Confuzius, Conny, Controlling, D, Danimilkasahne, Darkone, Dellex, Deltongo, Denkfabrikant, Der.Traeumer, Diba, Direktor Matsch, Dr. E. Scherer, Dr. Know, ElRaki, Emes, Engelbaet, ErikDunsing, Euphoriceyes, Felistoria, Florian Huber, Fritz, Gauss, Geiserich77, Gennat, Giftmischer, H-stt, Head, Heli, Herr Meier, Huebi, Hydro, Hyronimus299, Inkowik, Iste Praetor, J budissin, J.-H. Janßen, J.e, JFKCom, Jensflorian, Jergen, Jochen Hauser, Jonesey, JuTa, Jungpionier, Kai11, Karl Gruber, Karl-Henner, Katharina, Kdliss, Kluibi, Krawi, Kyr, Lencer, LivingShadow, Lley, Luciengav, MAYA, Maclemo, MalteAhrens, Mario Sedlak, MarkusHagenlocher, Martin1978, Martinwilke1980, Matt1971, Matthias Hake, Matthäus Wander, Mg-k, Micwil, Mike Krüger, Mike Switzerland, Momo, Montauk, Murtasa, Napa, NatureKnowsBest, Nicolas G., Niki, Nkosikaas, Nordelch, O.Koslowski, Obersachse, Olaf Studt, Ool, Ostap, Ot, Ottomanisch, Pandat, Papa1234, Papiermond, Parvus77, Pentachlorphenol, Peter200, Phasenverschiebung, Philipp Wetzlar, Pittimann, Port(u*o)s, Regi51, Reinhard Kraasch, Rotkäppchen, Ruedi Walt, Rujadd, STBR, Saehrimnir, Salzgraf, Sansculotte, Sargoth, Sascha Brück, SibFreak, Sinn, Sinuhe20, Sjoehest, Slimguy, Southpark, Stefan Kühn, Steffen, TAxel, TFK, TZorn, Th.Ludwig, The Winner of America, TheK, ThomasMielke, Times, Tobias1983, Tobnu, TomK32, Triebtäter, Troianus, Tönjes, Umweltschützen, Unterli, W!B:, WHell, Williamborg, YourEyesOnly, Ökologix, 173 anonymous edits

Sudeten *Source*: http://de.wikipedia.org/w/index.php?title=Sudeten *Contributors*: 1001, AHZ, Aka, Alma, Alofok, Anhi, Beat22, Berntie, Bibiko, Centipede, Cherubino, CommonsDelinker, Demoeconomist, Elya, Fristu, Frokor, Fvilim, Geschichtsfan, Helmut Zenz, Horge, Hotti4, Joerg!, Juro, KUI, Kalusa, Karl & Wolfgang, Kpjas, Langec, Lateralus, Lawa, Li-sung, Lysippos, Majx, Marlowe, Mef.ellingen, Meichs, Moritz Wickendorf, Nepomucki, Robb, Rolf-Dresden, Rosp, RudolfSimon, SPS, Savin, Schubbay, Sicherlich, Slimguy, Stadtgeograph, Stern, Sudetenphilatelie, TheK, Tiyoringo, Wiegels, Wietek, Wiki-vr, Wst, Zumbo, 51 anonymous edits

Image Sources, Licenses and Contributors

Datei:Freiberg St Marien Tulp DSCN2763.JPG *Source*: http://de.wikipedia.org/w/index.php?title=Datei:Freiberg_St_Marien_Tulp_DSCN2763.JPG *License*: unknown *Contributors*: Jan Sokol

Datei:Freiberg-Nikolaikirche.jpg *Source*: http://de.wikipedia.org/w/index.php?title=Datei:Freiberg-Nikolaikirche.jpg *License*: unknown *Contributors*: User:Kolossos

Datei:FGPkircheOmarkt.jpg *Source*: http://de.wikipedia.org/w/index.php?title=Datei:FGPkircheOmarkt.jpg *License*: unknown *Contributors*: user:Acf

Datei:Freibergjakobikirche.jpg *Source*: http://de.wikipedia.org/w/index.php?title=Datei:Freibergjakobikirche.jpg *License*: unknown *Contributors*: User:Unukorno

Datei:Freibergstjohannis.jpg *Source*: http://de.wikipedia.org/w/index.php?title=Datei:Freibergstjohannis.jpg *License*: unknown *Contributors*: User:Unukorno

Datei:Schlossfreudensteinfreiberg.jpg *Source*: http://de.wikipedia.org/w/index.php?title=Datei:Schlossfreudensteinfreiberg.jpg *License*: unknown *Contributors*: User:Unukorno

Datei:Donatsturm Freiberg.jpg *Source*: http://de.wikipedia.org/w/index.php?title=Datei:Donatsturm_Freiberg.jpg *License*: unknown *Contributors*: User:Unukorno

Datei:Petrikirchefreiberg.jpg *Source*: http://de.wikipedia.org/w/index.php?title=Datei:Petrikirchefreiberg.jpg *License*: unknown *Contributors*: User:Unukorno

Datei:Freibergerker.jpg *Source*: http://de.wikipedia.org/w/index.php?title=Datei:Freibergerker.jpg *License*: unknown *Contributors*: User:Unukorno

Datei:Bundesarchiv Bild 183-37540-0008, Freiberg, Dom Unser Lieben Frauen, Museum.jpg *Source*: http://de.wikipedia.org/w/index.php?title=Datei:Bundesarchiv_Bild_183-37540-0008,_Freiberg,_Dom_Unser_Lieben_Frauen,_Museum.jpg *License*: unknown *Contributors*: Schlegel

Datei:Bundesarchiv Bild 183-37540-0007, Freiberg, Domherrenhof, Museum.jpg *Source*: http://de.wikipedia.org/w/index.php?title=Datei:Bundesarchiv_Bild_183-37540-0007,_Freiberg,_Domherrenhof,_Museum.jpg *License*: unknown *Contributors*: Schlegel

Datei:Bundesarchiv Bild 183-37540-0004, Freiberg, Donatsturm.jpg *Source*: http://de.wikipedia.org/w/index.php?title=Datei:Bundesarchiv_Bild_183-37540-0004,_Freiberg,_Donatsturm.jpg *License*: unknown *Contributors*: Schlegel

Datei:Bundesarchiv Bild 183-37540-0003, Freiberg, Donatstor.jpg *Source*: http://de.wikipedia.org/w/index.php?title=Datei:Bundesarchiv_Bild_183-37540-0003,_Freiberg,_Donatstor.jpg *License*: unknown *Contributors*: Schlegel

Datei:Bundesarchiv Bild 183-37540-0006, Freiberg, Mühlgraben, Gerberhäuser.jpg *Source*: http://de.wikipedia.org/w/index.php?title=Datei:Bundesarchiv_Bild_183-37540-0006,_Freiberg,_Mühlgraben,_Gerberhäuser.jpg *License*: unknown *Contributors*: Schlegel

Datei:Bundesarchiv Bild 183-37540-0005, Freiberg, Portal.jpg *Source*: http://de.wikipedia.org/w/index.php?title=Datei:Bundesarchiv_Bild_183-37540-0005,_Freiberg,_Portal.jpg *License*: unknown *Contributors*: Schlegel

Datei:Torstenssonlinde.jpg *Source*: http://de.wikipedia.org/w/index.php?title=Datei:Torstenssonlinde.jpg *License*: unknown *Contributors*: User:Unukorno

Datei:Freiberger Eierschecke.jpg *Source*: http://de.wikipedia.org/w/index.php?title=Datei:Freiberger_Eierschecke.jpg *License*: unknown *Contributors*: Peter Mahler

Datei:Schlaegel und Eisen nach DIN 21800.svg *Source*: http://de.wikipedia.org/w/index.php?title=Datei:Schlaegel_und_Eisen_nach_DIN_21800.svg *License*: unknown *Contributors*: unbekannt; uploaded by T. Rystau ()

Datei:Sextant 1.JPG *Source*: http://de.wikipedia.org/w/index.php?title=Datei:Sextant_1.JPG *License*: unknown *Contributors*: Clipper, Oneblackline, SV Resolution

Datei:Freibergtubergakademie.jpg *Source*: http://de.wikipedia.org/w/index.php?title=Datei:Freibergtubergakademie.jpg *License*: unknown *Contributors*: User:Unukorno

Datei:Fledermauskasten.JPG *Source*: http://de.wikipedia.org/w/index.php?title=Datei:Fledermauskasten.JPG *License*: unknown *Contributors*: Mirdsson2

Datei:Schild_Eule_klein.JPG *Source*: http://de.wikipedia.org/w/index.php?title=Datei:Schild_Eule_klein.JPG *License*: unknown *Contributors*: Benutzer:Lienhard Schulz

File:RuineDrachenfels1880.jpg *Source*: http://de.wikipedia.org/w/index.php?title=Datei:RuineDrachenfels1880.jpg *License*: unknown *Contributors*: User:Sir Gawain

Datei:Bundesarchiv Bild 183-2008-0118-500, Prora, Bau des KdF-Seebades.jpg *Source*: http://de.wikipedia.org/w/index.php?title=Datei:Bundesarchiv_Bild_183-2008-0118-500,_Prora,_Bau_des_KdF-Seebades.jpg *License*: unknown *Contributors*: ALE!, Felix Stember, Ras67

Datei:mab-logo.jpg *Source*: http://de.wikipedia.org/w/index.php?title=Datei:Mab-logo.jpg *License*: unknown *Contributors*: Lmoeller, Quedel

Datei:Rhoen_Berge_mg-k.jpg *Source*: http://de.wikipedia.org/w/index.php?title=Datei:Rhoen_Berge_mg-k.jpg *License*: unknown *Contributors*: AnRo0002, Andrew-k, AstroImager001, BlackIceNRW, ComputerHotline, Dcoetzee, Kurpfalzbilder.de, MPF, Mg-k, Mircea, Nevit, Saperaud, Schubbay, Watzmann, Wst, 3 anonymous edits

Datei:Pfw_landschaft.JPG *Source*: http://de.wikipedia.org/w/index.php?title=Datei:Pfw_landschaft.JPG *License*: unknown *Contributors*: Sansculotte

Datei:Plagefenn-wp-001.jpg *Source*: http://de.wikipedia.org/w/index.php?title=Datei:Plagefenn-wp-001.jpg *License*: unknown *Contributors*: Original uploader was Ralf Roletschek at de.wikipedia

Datei:Bliesgau.jpg *Source*: http://de.wikipedia.org/w/index.php?title=Datei:Bliesgau.jpg *License*: unknown *Contributors*: Dirk Weishaar Original uploader was CAPTN HIRNI at de.wikipedia

Datei:Karte Biosphärenreservate Deutschland.png *Source*: http://de.wikipedia.org/w/index.php?title=Datei:Karte_Biosphärenreservate_Deutschland.png *License*: unknown *Contributors*: User:Lencer

Datei:Sarek_Skierffe_Rapadelta.jpg *Source*: http://de.wikipedia.org/w/index.php?title=Datei:Sarek_Skierffe_Rapadelta.jpg *License*: unknown *Contributors*: Alfons Åberg, Bdk, Conny, Fred J, Geofrog, Juiced lemon, LX, Mg-k, Ranveig, Wigulf, Zejo, Überraschungsbilder, 4 anonymous edits

Datei:Teide Tenerife4.jpeg *Source*: http://de.wikipedia.org/w/index.php?title=Datei:Teide_Tenerife4.jpeg *License*: unknown *Contributors*: BLueFiSH.as, Edub, Frank C. Müller, Pere prlpz, 1 anonymous edits

Datei:Yellowstone Grand Geysir 02.jpg *Source*: http://de.wikipedia.org/w/index.php?title=Datei:Yellowstone_Grand_Geysir_02.jpg *License*: unknown *Contributors*: ComputerHotline, Huebi, Joggeli, Mike Cline

Datei:WattamollaLiss.jpg *Source*: http://de.wikipedia.org/w/index.php?title=Datei:WattamollaLiss.jpg *License*: unknown *Contributors*: User:Kdliss

Datei:MountRuapehu.jpg *Source*: http://de.wikipedia.org/w/index.php?title=Datei:MountRuapehu.jpg *License*: unknown *Contributors*: Avenue, Bartux, Ingolfson

Datei:Lake Pleshcheyevo.jpg *Source*: http://de.wikipedia.org/w/index.php?title=Datei:Lake_Pleshcheyevo.jpg *License*: unknown *Contributors*: Lite

Bild:Praded.JPG *Source*: http://de.wikipedia.org/w/index.php?title=Datei:Praded.JPG *License*: unknown *Contributors*: User:Drozdp

Datei:Krkonose 02.jpg *Source*: http://de.wikipedia.org/w/index.php?title=Datei:Krkonose_02.jpg *License*: unknown *Contributors*: Ralf Roletschek

Datei:Sudeten.png *Source*: http://de.wikipedia.org/w/index.php?title=Datei:Sudeten.png *License*: unknown *Contributors*: Meichs

Datei:Czarny_Grzbiet_2.jpg *Source*: http://de.wikipedia.org/w/index.php?title=Datei:Czarny_Grzbiet_2.jpg *License*: unknown *Contributors*: Ejdzej, Jojo, Meteor2017, Michau Sm, Shalom Alechem, ŠJů, 1 anonymous edits

Printed by Books on Demand GmbH, Norderstedt / Germany